普通高等教育艺术设计类专业“十二五”规划教材

Photoshop环境艺术设计表现实例教程

（第2版）

苏允桥　张莉莉　朱戎墨　编著

中国水利水电出版社
www.waterpub.com.cn

内 容 提 要

本教材结合时代发展和实际需求，以Photoshop作为处理工具，将实例解析、经验技巧与理论相结合，全面介绍了环境艺术设计效果图后期处理的知识和技巧。

本教材共8章，主要内容包括效果图的后期处理基础知识、贴图纹理的制作及案例解析、室内效果图后期处理及案例解析、建筑外观效果图后期处理及案例解析、园林景观效果图后期处理及案例解析以及环艺效果图后期版式的案例解析。其中“环艺效果图版式设计”一章作为本教材独有的内容，旨在指导设计者排版整合。

本教材可供环境艺术设计、室内设计、景观园林设计、建筑设计、建筑装饰等专业的应用型本科、高职高专、成人、函授、网络教育、自学考试及专业培训等师生使用，也可供相关行业专业人士参考借鉴。

图书在版编目（CIP）数据

Photoshop环境艺术设计表现实例教程 / 苏允桥，张莉莉，朱戎墨编著. -- 2版. -- 北京 : 中国水利水电出版社，2012.3（2013.12重印）
普通高等教育艺术设计类专业“十二五”规划教材
ISBN 978-7-5084-9531-6

Ⅰ. ①P… Ⅱ. ①苏… ②张… ③朱… Ⅲ. ①环境设计：计算机辅助设计－图形软件，Photoshop－高等学校－教材 Ⅳ. ①TU-856

中国版本图书馆CIP数据核字(2012)第040511号

书　　名	普通高等教育艺术设计类专业“十二五”规划教材 Photoshop环境艺术设计表现实例教程（第2版）
作　　者	苏允桥　张莉莉　朱戎墨　编著
出版发行	中国水利水电出版社 （北京市海淀区玉渊潭南路1号D座　100038） 网址：www.waterpub.com.cn E-mail：sales@waterpub.com.cn 电话：（010）68367658（发行部）
经　　售	北京科水图书销售中心（零售） 电话：（010）88383994、63202643、68545874 全国各地新华书店和相关出版物销售网点
排　　版	北京时代澄宇科技有限公司
印　　刷	北京鑫丰华彩印有限公司
规　　格	210mm×285mm　16开本　10印张　303千字
版　　次	2008年8月第1版　2008年8月第1次印刷 2012年3月第2版　2013年12月第2次印刷
印　　数	3001—6000册
定　　价	39.00元

序 Ⅰ

当下，各种图像处理软件层出不穷、各展所长，其中尤以Adobe公司出品的Photoshop软件以其强大的功能、灵活的操作和千变万化的艺术效果成为图形图像处理领域中使用最为广泛的软件之一，并受到越来越多设计工作者们的青睐。

但是，许多设计者对Photoshop的使用往往局限于平面设计的领域范围内，却忽视了Photoshop在环境艺术设计作品中的功能，经常在诸如景观、室内外装饰的设计作品前一筹莫展——如何采取更简便、易修改的方式去改善和优化设计作品的效果呢？而这本书则直接就这方面问题进行了案例分析，为对此尚不熟悉的设计者提供了一些指引。

本教材不是对Photoshop软件功能的简单罗列，而是突出其实用性，通过具体的实例，对Photoshop在环境艺术设计领域的功能做一一介绍。

本教材共分为8章，内容包括效果图的后期处理基础知识、贴图纹理的制作、室内效果图后期处理及案例解析、建筑外观效果图后期处理及案例解析、CAD图纸上色、园林景观图处理及环艺效果图版式设计等。书中的许多实例具有很强的操作性和实践性，读者可以直接应用于实际设计工作中，也可以举一反三，挖掘出Photoshop在环境艺术设计中更多的功用。

本教材不仅可以作为高等院校艺术类、建筑类等相关专业及社会相关培训班教材，同时也适合广大从事或有志于从事环境艺术设计的人员学习、阅读。

值此春日，为本书斟酌序言，有感于十几年来电脑教育发展的日新月异，前路漫漫，与广大莘莘学子共勉之！

山木教育集团

2012 年 1 月

序 Ⅱ

随着时代的发展，人们对环境的关注程度也越来越高，环境艺术设计行业的繁荣促使效果图制作技术方面不断提高。许多想进入电脑效果图制作领域的初学者都希望在较短的时间内，能够熟练掌握所学的设计技能，但事实上要想真正达到熟练掌握的程度，不是一件容易的事，这需要付出相当艰辛的努力。如果能使这种艰辛的学习过程变得轻松自如，读者朋友的学习热情和劲头会大增，这样就极大地提高了学习效率，本教材无疑是朝着这个方向在努力的。

本教材的编者是多年从事环境艺术设计的教育者和设计师，相对于其他的效果图工具书更加具有参考价值，视角更纯粹，针对性更强。因此，作为环境艺术领域的一名教授、中国建筑装饰协会设计委员会的副主任，我愿为大家推荐这本书，希望大家能灵活运用这些设计手段，创造出更多新颖、创意丰富的效果。当然，仅靠一两本软件用书是远远不够的，出色的设计师必须具备深厚的艺术修养和鉴赏能力，才能驾驭各种最新的现代技术。

与其他同类图书相比，这本教材具有以下特点：

首先，内容针对性强。读者主要针对具备一定的设计理论知识而实际操作经验比较缺乏的大专院校相关专业学生，以及相关软件掌握初、中级水平的设计工作者。

其次，本教材在内容上全面囊括环境艺术效果图后期制作的方方面面，读者学完本书之后能轻松应对环艺效果图的后期处理工作，提高自己的设计表现水平。

最后，本教材展现给读者的是一种完全实战型的学习模式。结合效果图后期制作实例来说明操作方法与实用技巧。在模仿中学习，是本书的重要特色。

真心希望此书能够为读者提供帮助，大家共为环境艺术设计的发展尽一份心力。

周长积

（中国建筑装饰协会设计委员会副主任
中国建筑学会室内设计专业委员会常务理事
中国美术家协会环艺专业委员会副主任委员
山东装饰工程设计协会理事长
日本国立东京艺术大学客员研究员）

2008 年 5 月

第2版前言

《Photoshop 环境艺术设计表现实例教程》自 2008 年出版至今已近四年，这期间，Photoshop 软件在不断发展、更新，版本已从教程出版时盛行的 CS3 升级到 CS5.1，界面与功能都有所变化。再版书以 Photoshop CS5.1 版本为基础，更新了原书相关内容、图片，更正了书中的疏漏和错误，同时也更换了新的 Photoshop 环境艺术表现图片，以便读者学习参考使用。

编　者

2012 年 1 月

前言

我们使用的Photoshop是Adobe公司出品的数字图像编辑软件，是迄今在Macintosh和Windows平台上运行最优秀的图像处理软件。应用领域涉及平面设计、VI设计、插画绘制、产品包装、网页设计、效果图制作等。其强大的功能和无限的创意空间，在设计领域中扮演着不可或缺的角色。

计算机技术的发展，把电脑表现环境艺术设计效果图推到了时代的前沿，本教材以Photoshop作为处理工具，将实例解析和理论相结合，全面介绍了环境艺术设计效果图后期处理的完整知识，是一本介绍环境艺术设计效果图后期设计处理方法和技巧的实例型教程。

本教材主要内容包括效果图的后期处理基础知识、贴图纹理的制作及案例解析、室内外效果图后期处理及案例解析、园林景观效果图后期处理及案例解析、特效效果图后期处理案例解析以及环艺效果图后期版式的案例解析。

本教材共分为8章，具体内容如下：

第1章讲述效果图的表现形式以及使用Photoshop处理效果图时需要表现的要素；第2章讲述Photoshop软件的基础知识；第3章讲述如何设计制作各种不同纹理的贴图图像。前3章内容是本教材的基础性内容。第4章讲述如何进行家装效果图后期设计与处理的知识；第5章讲述室外效果图的后期处理；第6章讲述CAD图纸的后期处理；第7章讲述景观园林效果的制作；第8章主要讲解效果图的后期排版。

其中“环艺效果图版式设计”一章作为本教材独有的内容，旨在指导设计者排版整合。

本教材作者为高等院校资深讲师和建筑效果图专业图像制作及设计人员，书中总结了多年的从业经验，内容丰富、讲解简明扼要、重点突出、详略得当；采用实例教学，针对性强。本教材可以作为院校相关专业教材使用，也适合作为建筑装潢从业者和工程技术人员的自学和参考教程使用。

在此衷心感谢向本教材提出建议的朋友们，感谢为本教材提供了大量帮助的山木教育集团，感谢中国水利水电出版社的同志们，正是他们的认真工作使本教材增光添彩。

由于时间紧促，编写人员水平有限，书中难免有不足之处，欢迎广大读者批评指正。

编　者

2008年5月

目　　录

环境艺术表现效果图，作为一种模拟现实景物的手段已经越来越多地应用于各行各业，由于表现手法的灵活性和实用性，也获得了很多商业机构以及个人爱好者的青睐。而为之服务的软硬件技术支持也在不断地扩展和翻新。

近几年来，随着人们精神需求的进一步提高，对于环境的要求也越来越高，使得效果图的应用更加普遍。设计师必须在各种建筑施工之前，将将来要实现的实景效果通过浅显易懂的方式展示给用户，效果图是最直观的图片式说明，再加上设计师的精心说明，使得设计方案更有说服力。

环境艺术表现效果图是利用软件在平面上反映各种现实效果，所以在技术上有着很多规范，只有符合这些规范的要求，得到的图片才是美观实用的。

第1章

概　论

1.1　环境艺术设计的效果图表现

1.1.1　环境艺术效果图表现要素

1.1.1.1　透视

透视是在平面中表现三维效果最重要的问题。一张效果图是否成功，首先要看是不是符合实际，如果绘制出的高楼大厦扭到了一边，即使再漂亮的配景，也是无济于事。

透视分为三种，即一点、两点和三点透视。三种透视分别应用在大型效果图、中型效果图和相对较简单的小型效果图中。在这三种透视中，三点透视是最基本的透视原则，在反映实物的空间感上，非常直观，一般多用于室内效果图，如图1－1－1所示。

图1－1－1　三点透视

一点透视，是比较难掌握的透视，多用于大型室外效果图，因为其表现物体时视角范围比较大，并且可进行很多转变；同时，反映非立方体建筑的时候更是准确直观，如图1－1－2所示。

1.1.1.2　模型清晰

所谓模型清晰，就是指造型要明了直接，要反映主体实物。室外建筑或环艺效果图由于场景很大，有限的空间内必须容纳大量信息，所以很多设计人员往往会忽略掉造型的重要性。无论何时都必须记住的是，造型艺术是效果图表现的核心。

1.1.1.3 材质真实

所谓材质要真实，就是说现实生活中的材质是什么样子的，塑造的模型就必须是什么样子。材质应用是否得当，也会影响到效果图的质量。例如，在很多商业建筑中，很多时候会选择金属或透亮的玻璃作为整个楼体的材质，而作为一些室内效果图，要有木质家具或地毯等部件，都要求我们处理得合适恰当，如图 1-1-3 所示。

图 1-1-2 一点透视

图 1-1-3 材质的真实性表现

1.1.1.4 空间感突出

喜欢拍照的人都知道景深的概念，其实这就是空间感的具体表现。空间感的把握虽说只是辅助效果图的一种手段，但是，我们在现实生活中，为了表现房间内部的布局较宽大，往往会故意拉伸景深，使得房间在感官上有眼前一亮的感觉。所以，合理调整效果图的空间感，是使构图进一步合理的重要前提，如图 1-1-4 所示。

1.1.1.5 形、色、影搭配

这一阶段是效果图前期处理的修饰阶段，但是这往往又是建模后的高级阶段，因为形状、色彩以及光影都是一些相对独立的元素，我们在构图的时候，要十分注意它们之间的搭配。很多时候，建模师做出很好的造型，但是如果没有光色的渲染，也只是单纯的模型，是没有现实意义的。光影的艺术实际上就是在模型形似的基础上，添加现实生活中的光影效果，使效果图更加神似，如图 1-1-5 所示。

图 1-1-4 突出空间感

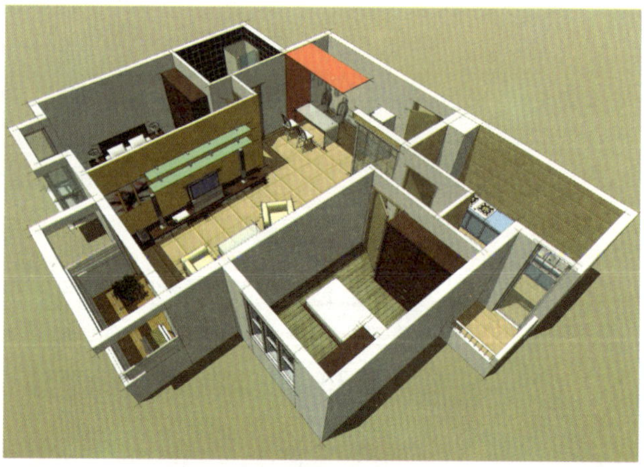

图 1-1-5 效果图的光影效果要和实际生活中的相同

1.1.1.6　构图完整

在实际工作中，无论效果图所反映的规模是大是小，都必须要做到构图完整。在建筑设计中，如果是施工图或结构图，我们必须将其进行精细化，并且要绝对的符合实际规格；但是，如果我们面对的是普通的用户群体，那么，如果只是简单的构图和线条，会给普通受众在浏览时带来极大的不方便，甚至由于很多专业的标记无法快速识别等，造成用户不能最终明白所要说明的问题。而效果图就是要在结构图或是施工图的基础上，模拟出今后的一种真实的生活环境，让用户拥有身临其境的感觉。例如建一个居民小区，我们除了要让用户看到主要的楼体之外，还要将周围的环境及配套设施进行展示；而室内效果图在表现上，更应该有一种完整的信息传递，使得整个房间的布局和所有设施完全映入人们眼帘，如图1－1－6、图1－1－7所示。

图1－1－6　室内的摆设体现出完整的效果

图1－1－7　完整的小区鸟瞰图

1.1.1.7　主次得当

在制作时，除了要注意构图的完整性之外，还要注重主次得当的问题。人们在接受效果图图片时，肯定会对主体对象特别关注，这就要求我们在进行配图时，必须将主体突出，而配景就是配景，不可以抢占主体的位置。这些问题在室外群体效果图中会有较多的体现，特别是小区的鸟瞰图，或是商业中心等，如图1－1－8、图1－1－9所示。

图1－1－8　鸟瞰图中的主题建筑

图1－1－9　前后楼体，主次得当

1.1.2　环境艺术效果图后期处理的注意事项

环境艺术效果图制作分为前期和后期，上述原理多应用于效果图前期处理阶段，那么效果图的后期处理阶段，又该注意什么问题呢？

1.1.2.1　灯光修饰

在 3D Max 等装潢设计软件中，最难掌握的是灯光的布置，特别是制作各种室内灯光，更是有很多困难；对于很多普通用户而言，往往在制作效果图的前期，只是将必须要制作的布局光设置成功，而室内的其他灯光都会留到后期进行制作。

1.1.2.2　色调掌握

效果图出图后，在理论上，色调也就无法更改了。但是，很难保证前期处理的效果十全十美，并且用户对同一个设计成品，在色调上还会有不同的要求，所以后期的色调调整也是十分重要的。很多住宅小区的效果图会将小区的日景和夜景全部制作出来，这也就是室外效果图色调调整的具体表现。如图 1－1－10、图1－1－11 所示。

图1－1－10　冷、暖色调对比

1.1.2.3　景物描写

在制作大型园林效果图时，由于受到版面的限制，往往无法直接清晰地看到很多功能区域，那么，设计者就需要在整个版面的适当位置对图片中反映的各个功能区进行局部放大和描述。在实际工作中，常常会用图例解答的方法来实现这种效果，这种设计方式一般多用于效果图的后期排版当中。

图 1-1-11　日景、夜景对比

当然，这种排版也是有区别的，一般分为商业性排版和艺术性排版。商业性的景物描写体现在广告说明上，而艺术排版多采用局部放大的效果来实现，如图 1-1-12、图 1-1-13 所示。

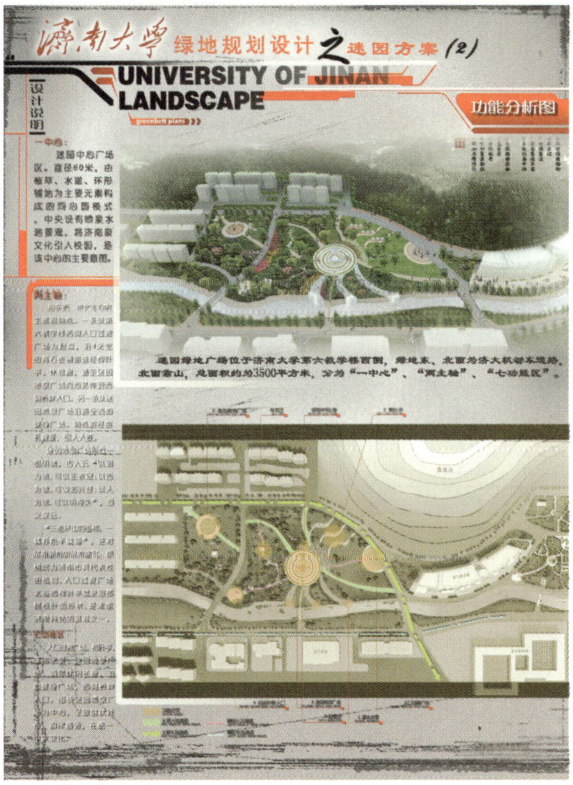

图 1-1-12　排版模式一

图 1-1-13　排版模式二

1.2　计算机辅助表现的常用软件

1.2.1　AutoCAD

如图 1-2-1 所示为经常使用到的 AutoCAD 软件（以下简称 CAD）的工作界面，CAD 是 AutoDesk 公司的主打装饰设计软件之一，是进行制作建筑图工作的最常用软件。它最大的特点是，针对点和线条的操作较多，绘制的图像多是一些线条状的；由于采用了矢量技术，绘制的图形可以无限放大而绝对不会失真；CAD 的使用范围多是一些专业的装饰装潢公司，之所以使用这个软件，是因为它绘图精确，对于一些工程施工图或者是结构图等要求精度较高的图纸而言，有着与生俱来的优势。如图 1-2-2、图 1-2-3 所示。

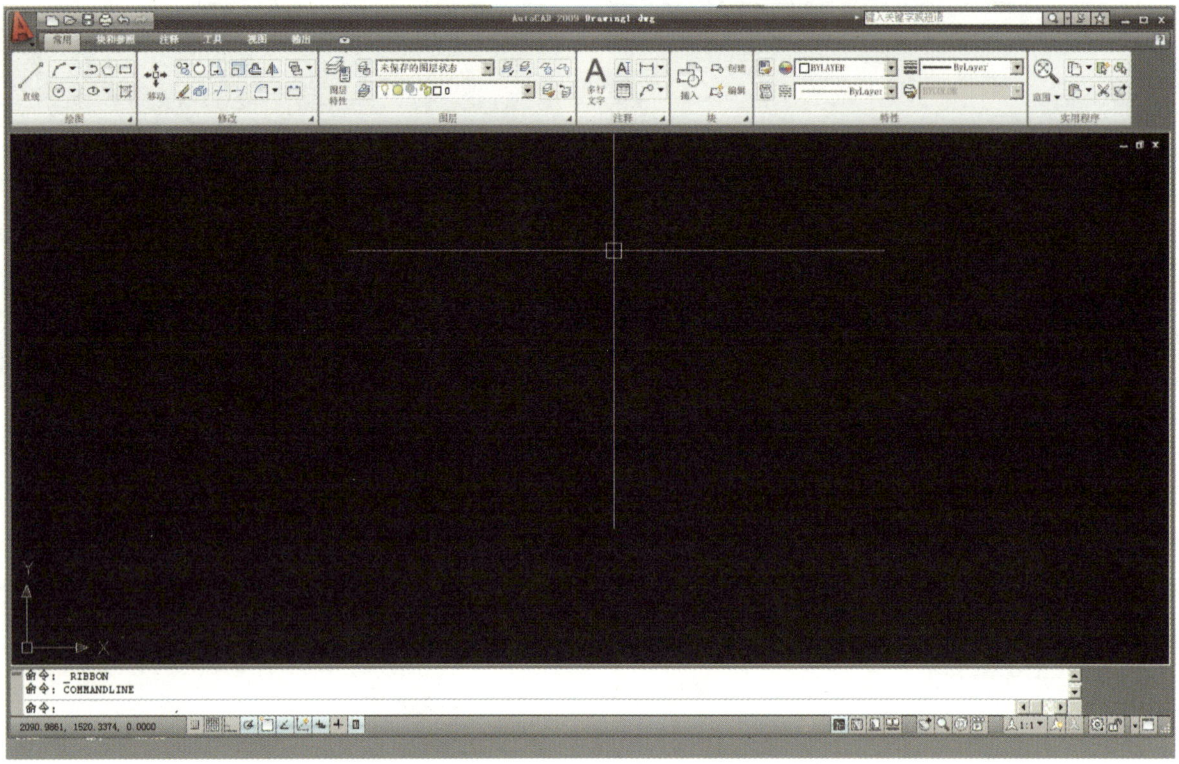

图 1-2-1　CAD 软件工作界面

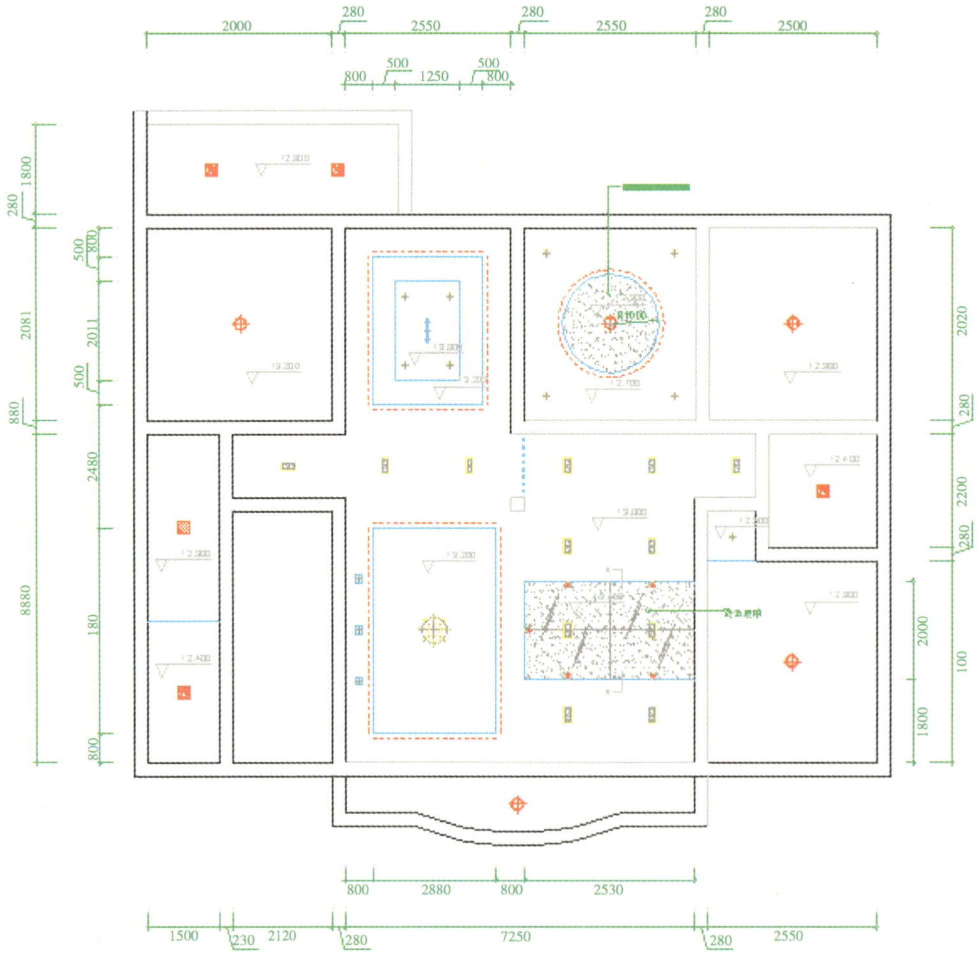

图 1-2-2　CAD 制作的天花板光源标记

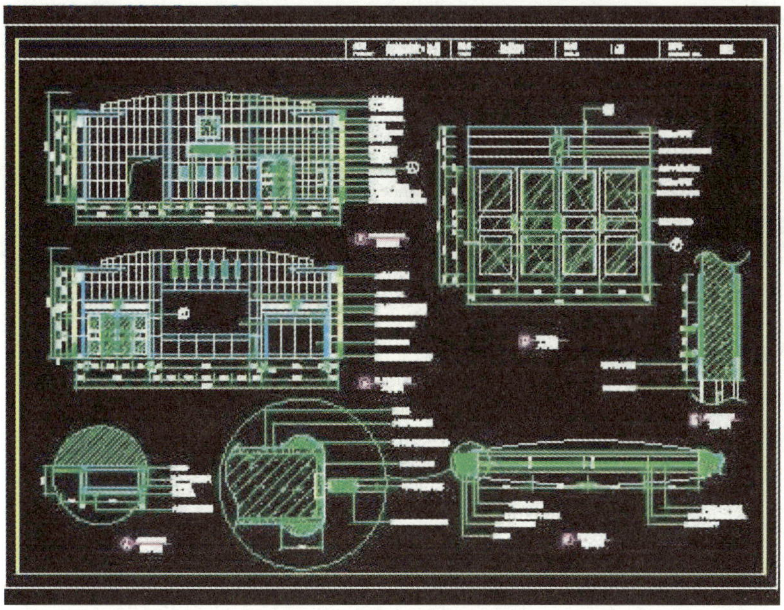

图 1－2－3　建筑图纸

从图 1－2－2、图 1－2－3 中可以看到，CAD 绘制出的对象都是一些点和线条，这样，在绘制较复杂图形时会很困难。随着工程图纸的复杂程度不断加深，我国又在 CAD 的基础上开发出天正建筑、圆方等专业领域中的软件，也是很多装潢公司在设计时的选择对象。

1.2.2　3D Max

3D Max 同样也是 AutoDesk 公司的主打产品，是现代建筑设计行业必备的软件之一，可以利用它制作各种模型（日常生活中见到的所有实体），同时可以利用其本身自带的渲染工具进行实际灯光和材质的渲染，最终达到真实场景的模拟。随着 3D Max 软件使用的不断推广，很多公司和个人又为其设计出很多的插件，使得其功能如虎添翼。运行界面如图 1－2－4、图 1－2－5 所示。

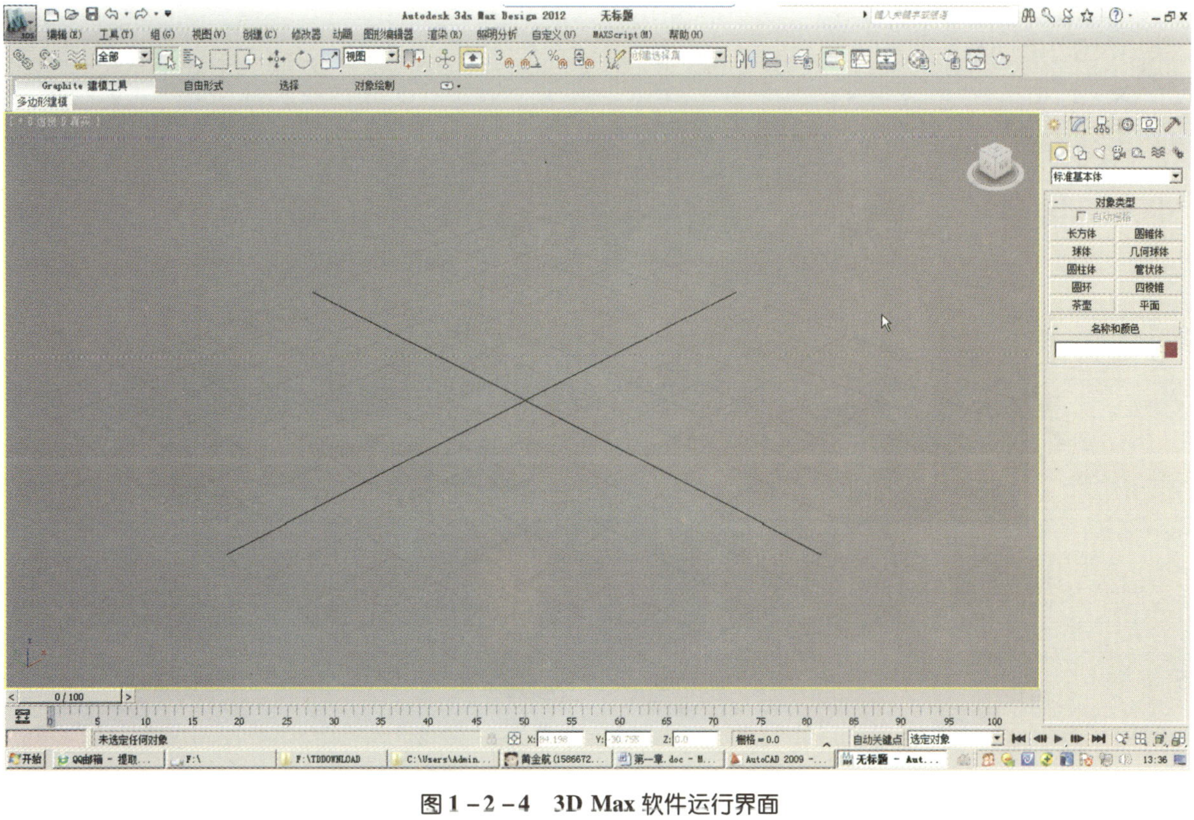

图 1－2－4　3D Max 软件运行界面

图 1-2-5　3D Max 效果图

1.2.3　Sketchup

Sketchup 中文名称叫作“建筑草图大师”，是现在非常流行的一款三维装饰装潢制作软件。

图 1-2-6 所示为“建筑草图大师”的操作界面，它的操作极其方便，仍然沿用单面建模的原理，可以轻松制作各种几何图形；在制作过程中，可以采用导入外部图像的方法，为模型添加各种实际生活中的材质效果，同时还可以将经常使用到的各种小型物件，如座椅、床、植物等保存为组件，

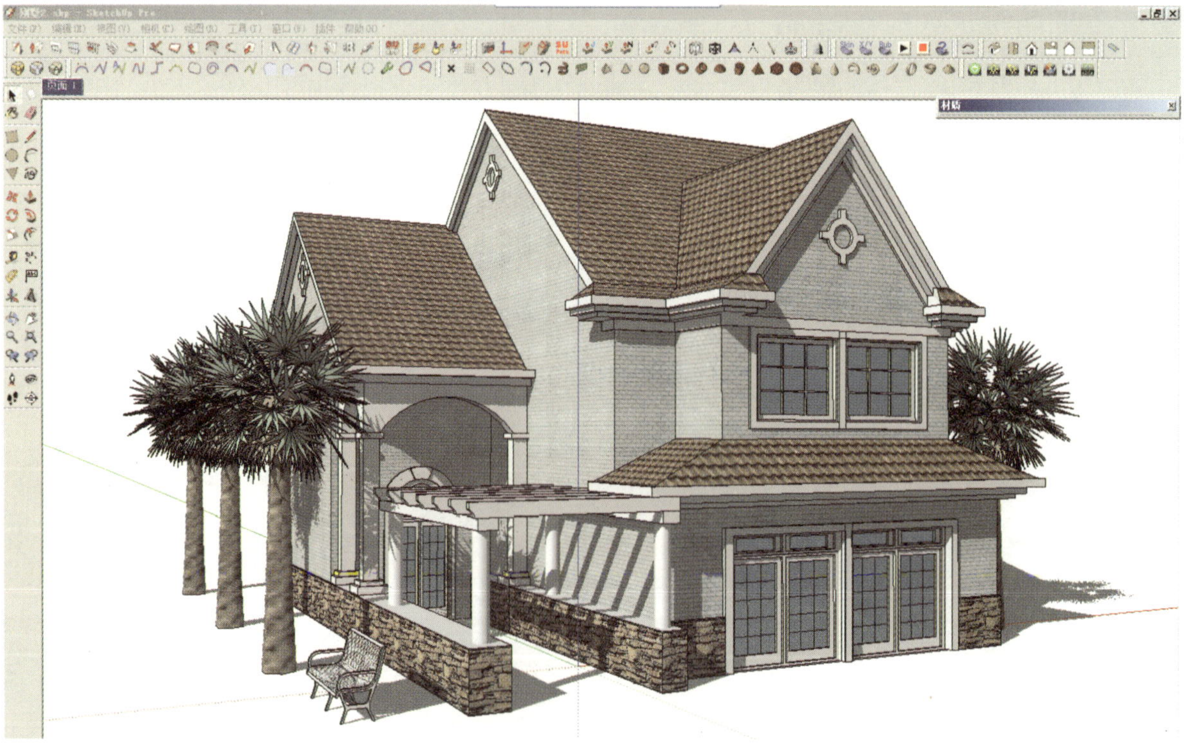

图 1-2-6　Sketchup 软件操作界面

以后可以反复使用，更加方便快捷，如图 1 -2 -7 所示。Sketchup 本身只适用于草图构建，借助其保存成很多三维通用的格式以后，可以导入如 3D Max、Maxwell、Artlantis 等软件中进行个性渲染，可以实现极具表现力的效果，如图 1 -2 -8 所示。

图 1 -2 -7　组件对象

图 1 -2 -8　将 Sketchup 的文件导入 3D Max 后渲染得到的效果

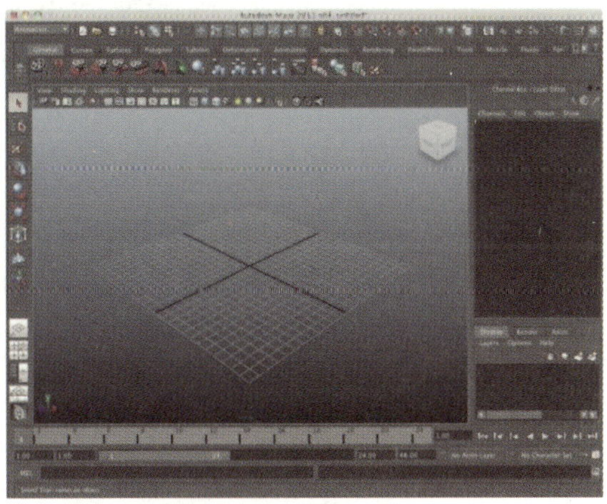

图 1 -2 -9　Maya 的界面

“建筑草图大师”虽然是一款新兴软件，但是现在已经被越来越多的装饰公司引入，并且随着大量插件的引入，功能也日趋成熟。

1.2.4　Maya

Maya 是三维设计领域中的佼佼者，是游戏开发的首选软件，也是功能极其强大的模型绘制利器。

现在 Maya 软件（图 1 -2 -9）也归入 AutoDesk 公司旗下，整合了很多操作习惯，使用起来更加快捷方便。

图 1 -2 -10 所示为 Maya 的操作界面，仅从该软件的界面布局上看就知道其功能的强大。Maya 诞生最初的目的是偏重于角色建模，如大家所熟悉的《指环王》系列电影的各种奇幻角色。很多情况下，我们会遇到古代建筑效果图的制作，而根据古代建筑本身造型的特点，Maya 中的 NURBS 建模可得到很大程度的发挥；同时在制作很多配景，如神兽、雕刻品之类的物件时，NURBS 建模也会派上大用场，如图 1 -2 -11 ~ 图 1 -2 -13 所示。

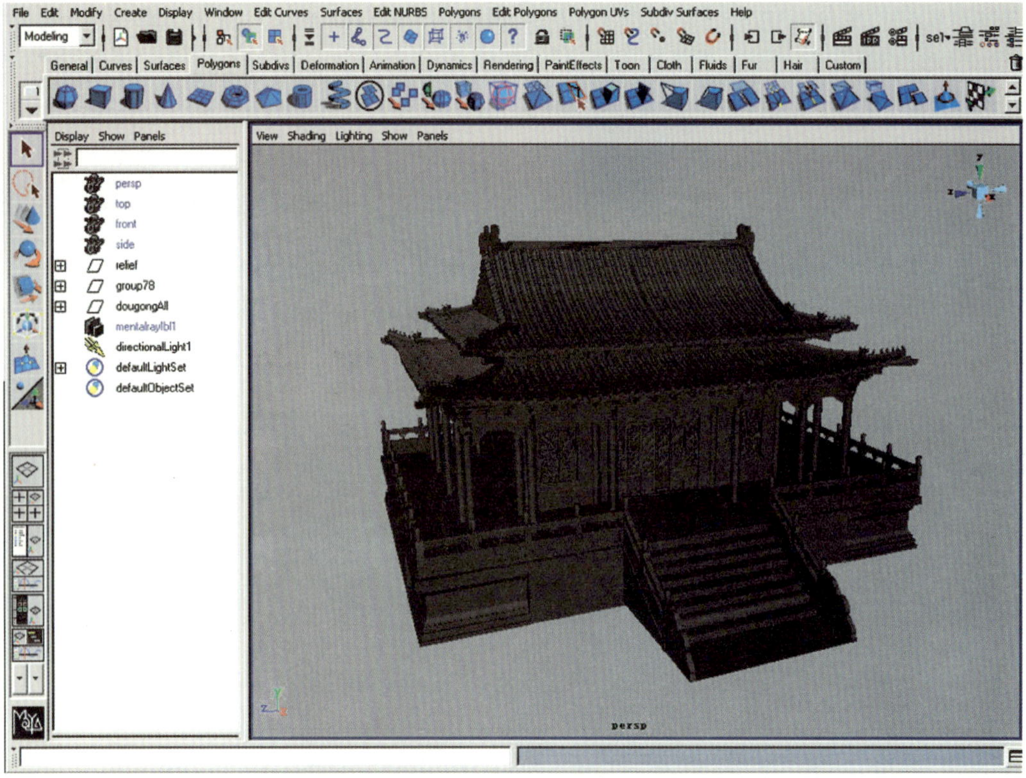

图 1－2－10　Maya 操作界面

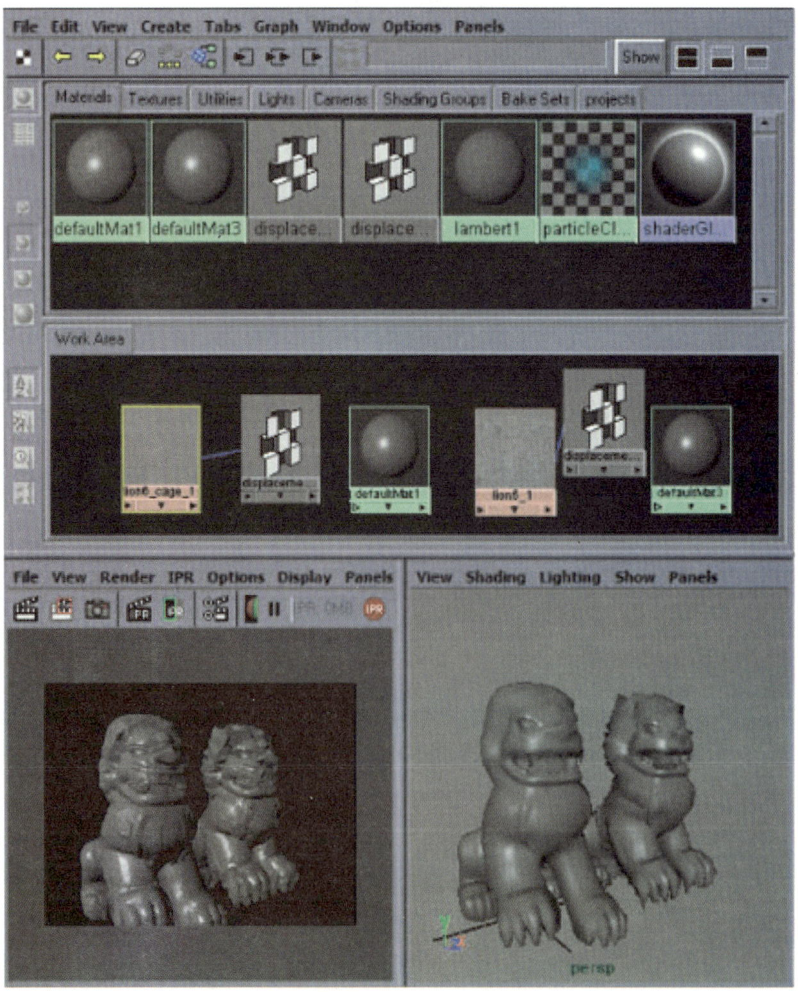

图 1－2－11　赋材质

图 1-2-12　古代建筑群

图 1-2-13　现代建筑设计

同为 AutoDesk 公司的主打产品，Maya 和 3D Max 在操作使用上并没有冲突，而且它们是可以互补的（Maya 8.0 以后的版本）。针对不同的建筑模型，这两款软件各有侧重，各有优势；在效果图渲染时，它们都可以利用 Mental Ray、Vray、巴西等渲染器进行渲染。

1.2.5　Photoshop

Photoshop 是当下最流行的设计软件，目前最新的版本是 12.1（CS5.1）。它的使用可以说普及到了各行各业。在效果图的处理中，Photoshop 的重要功能体现在后期的细微调整和后期合成上；在商业效果图中，我们还会加入 VI 设计中的很多理念，形成更加绚丽的效果，如图 1-2-14 所示。

Photoshop 的作用还有很多，它已经成为现在所有的建筑设计人员都必须掌握的软件之一。

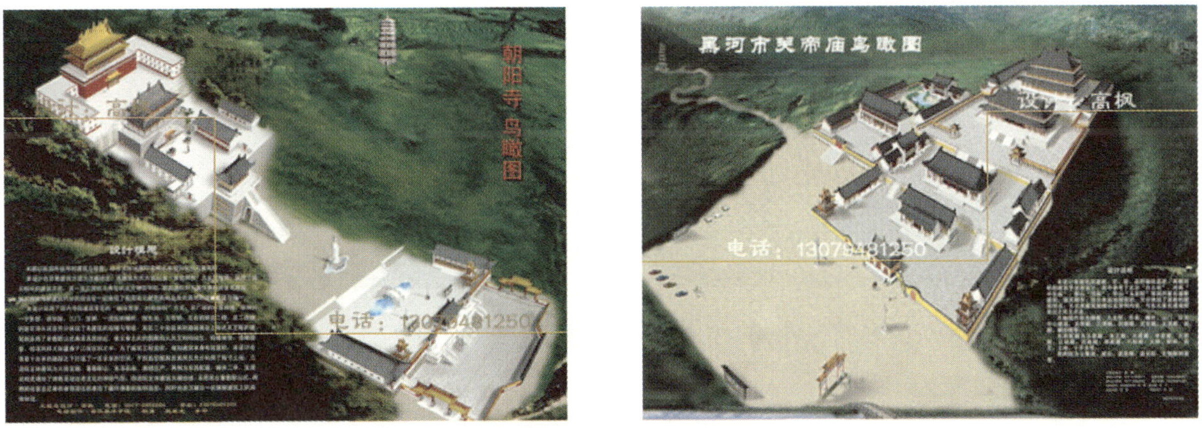

图 1-2-14　商业效果图中文字及特效的添加

1.3 Photoshop在效果图中的作用

1.3.1 室内室外效果图处理

作为室内效果处理，主要有色调、细节修饰、添加景物等处理。其中色调和细节修饰尤为重要。在三维设计软件中，我们可以很轻松地建模，完成现实生活中想要的一切物件，但是在光色搭配时，经常会遇到一些问题，如亮度不够、曝光过度等，那么利用Photoshop就可以很轻松地调整出想要的各种亮度及曝光度；很多情况下，我们只在软件中制作大体的室内模型，而室内的各种物件都可以到Photoshop中进行添加，如图1－3－1所示。

1.3.2 室外效果图处理

室外效果图也是我们常见的效果图样式，在制作的过程中，由于动辄就是十几亩甚至几十亩地的范围，所以，在前期建模及渲染的时候，无论是对人还是对机器，都有着更高的要求，所以，要想更好地完成效果图，很多设计人员会选择这样一种方式，即在3D Max等大型三维软件中只将基本模型和材质建立完整，然后加以主体灯光的渲染，接着直接导出图片，最后导入到Photoshop中，进行配景的添加、环境的更改设置，以及人物的添加等操作，如图1－3－2、图1－3－3所示。

图1－3－1 运用Photoshop添加室内物件

图1－3－2 模型导入Photoshop后的显示

图1－3－3 Photoshop后期处理后的效果

1.3.3 特效效果图处理

很多装饰装潢公司为了让自己设计出来的效果图更加有艺术效果，会在现有的基本建筑体的基础上增加一些特技效果，例如加入雾气的效果、下雨的效果（图1－3－4）等。

图 1-3-4　雨景效果

1.3.4　平面图纸处理

平面图纸一般多供专业设计人员使用，作为普通用户，很难理解一些专业的符号和构图。当利用 CAD 等软件制作出平面图纸的时候，不可以直接把图纸放到宣传广告上，而是将图纸保存成位图格式，然后导入 Photoshop 中，加以艺术化处理，如图 1-3-5 和图 1-3-6 所示。平面图纸可以分为室内图纸与室外图纸。

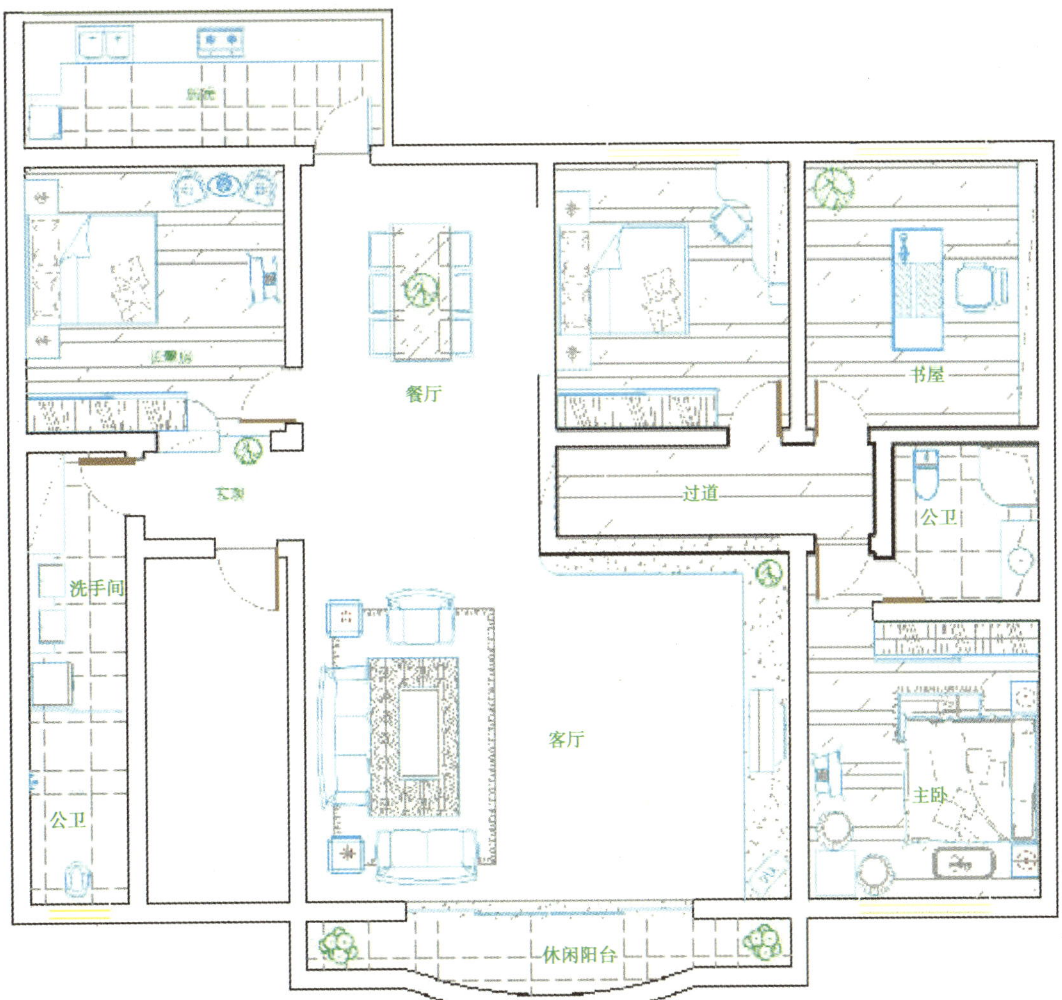

图 1-3-5　将 CAD 图纸导出为位图

图 1－3－6　Photoshop 的后期处理效果

第2章

Photoshop 应用基础

2.1 Photoshop CS5.1 基础操作

2.1.1 软件安装

当您购买了 Adobe 的相关软件，您会得到一个整体的安装包（笔者使用的是 Adobe ® Creative Suite ® 5.5 Design Premium 安装包），找到安装目录，在其中找到 setup. exe 文件，双击，弹出安装欢迎界面，如图 2 –1 –1 所示。

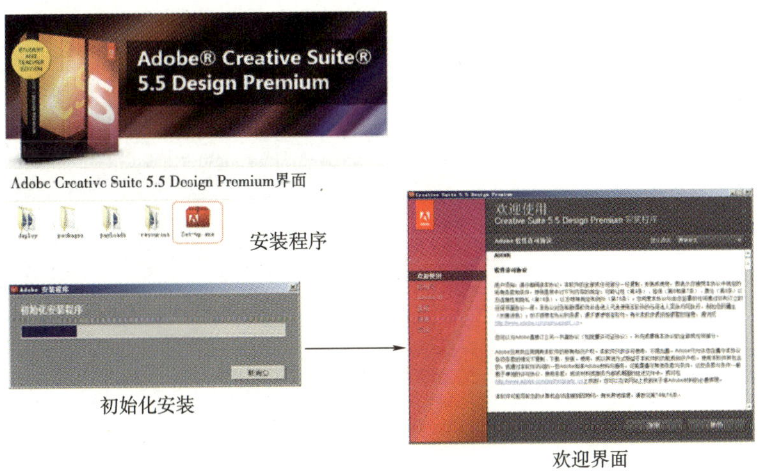

图 2 –1 –1　安装界面

根据图片提示操作，点击下一步，随后弹出安装选项对话框，并输入序列号，如图 2 –1 –2 所示。

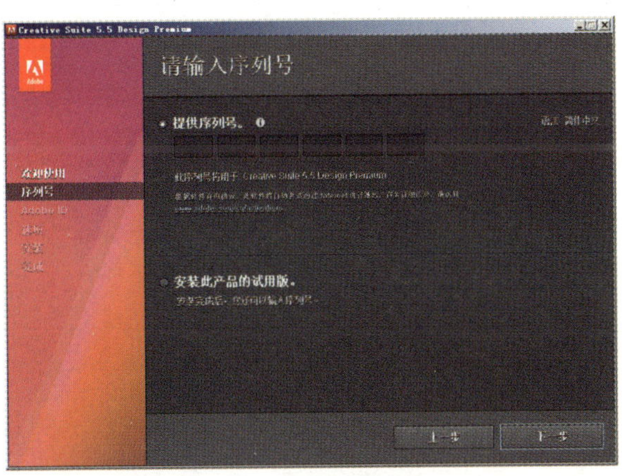

图 2 –1 –2　输入序列号

按照提示选择需要安装的组件。一般情况下，我们可以全部选择，以达到最完善的效果。

仍然点击“下一步”，切换到下一个界面，进行选择安装目录以及软件选择的设置（图 2－1－3），如果您的系统盘（C 盘）的空间不算太大，可以更换安装目录。

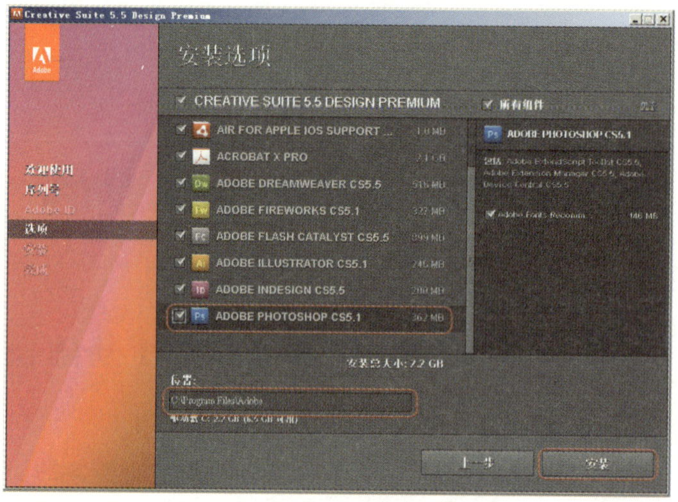

图 2－1－3　安装选项对话框

点击“安装”按钮，进行安装，如图 2－1－4 所示。

图 2－1－4　安装

等待一段时间后，您刚才选择的所有软件都安装到了电脑中，如图 2－1－5 所示。

图 2－1－5　安装完成

注意：安装时间长短是根据机器硬件配置高低以及选择软件的多少决定的，大多数安装时间一般在 30 分钟到 1 小时之间。

安装结束后，请运行任意一款 Adobe 的软件，选择“帮助/更新”菜单，对现有的软件进行更新，如图 2-1-6 所示。

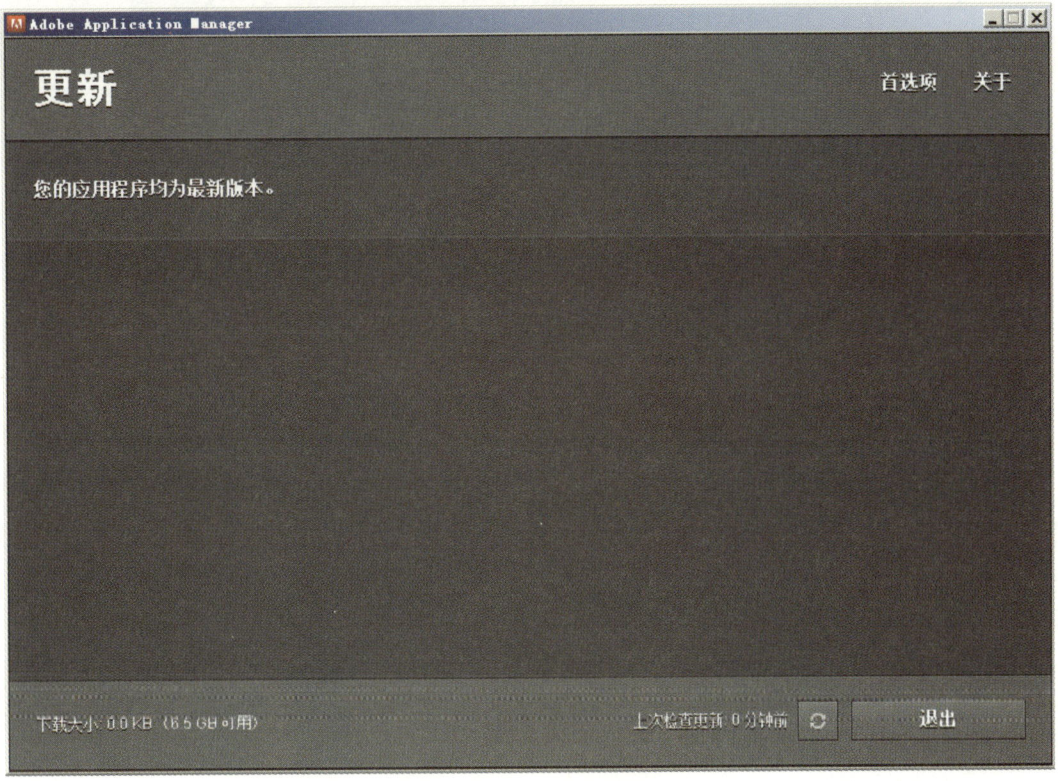

图 2-1-6 软件更新

更新完毕后，您就可以运行 Photoshop CS5.1 了。

2.1.2 软件运行

在开始/程序/Adobe Design Premium 5.5 中找到 Photoshop CS5.1 的快捷方式，单击后运行，如图 2-1-7所示。

2.1.3 界面简介

Photoshop CS5.1 是 Adobe 公司最新的图像处理软件，在界面上，仍然沿用 CS4 版本的界面，如图 2-1-8 所示。

2.1.3.1 工具栏

新版本中的工具栏有了可伸缩性，只需要点击工具栏上方的按钮，就可以对工具栏进行伸缩的操作。

2.1.3.2 活动面板

Photoshop CS5.1 界面中的最右端的所有面板统称为活动面板，与工具面板一样，也可以进行相关的伸展以及搜索的操作。

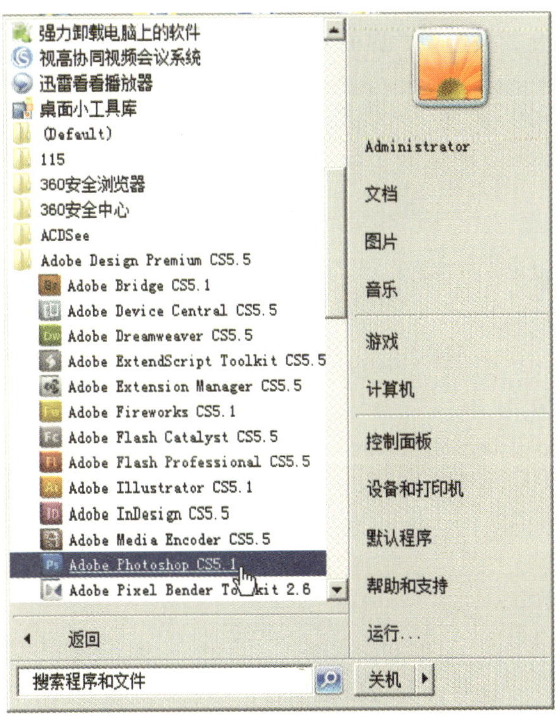

图 2-1-7 快捷方式

图 2－1－8　Photoshop CS5. 1 的界面

2. 1. 3. 3　选项菜单

此菜单是根据不同的工具的选择而在不断的变化的，这些参数是工具在使用时的重要参考。

2. 1. 3. 4　菜单栏

放置着软件中所有的命令选项以及工具面板。

2. 1. 4　基本程序配置

本环节主要介绍软件的环境设置，每个人都可以根据自己在工作中的需要进行合理的配置，以达到工作效果的最大化。

2. 1. 4. 1　环境的设置

打开 Photoshop，在编辑/首选项中可以找到相关选项，或按键盘上的快捷键 Ctrl + K，同样可以打开相关选项，界面如图 2－1－9 所示。

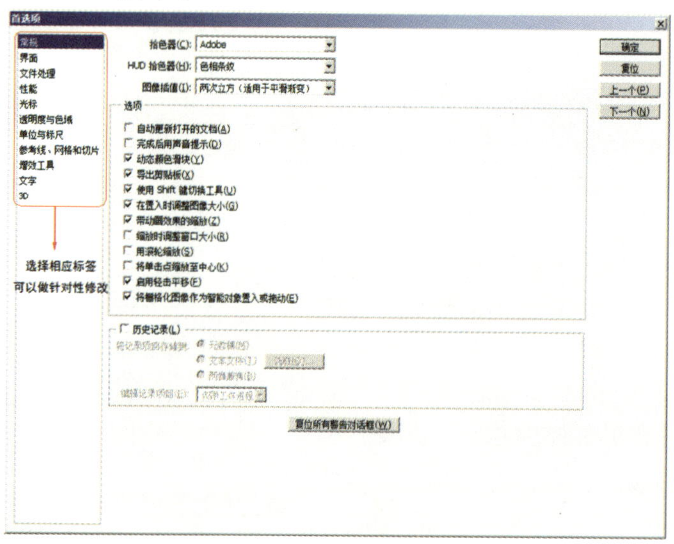

图 2－1－9　“首选项”面板

这些设置可以根据自己的需要任意更改，直到满意为止。

2. 1. 4. 2　活动面板设置

在 Photoshop CS5. 1 中，增加了面板的伸缩功能，但是，由于面板太多，可能在工作过程中造成很多不便，所以，我们可以将自己常用的面板保留下来，把不用的面板进行隐藏，以后再用的时候可以到窗口面板中重新调入。操作步骤如下：

找到窗口菜单下面的工作区，如图 2－1－10 所示。

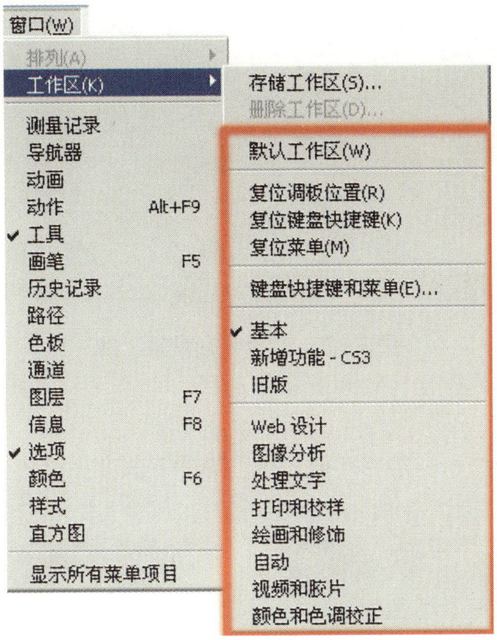

图 2－1－10　工作区菜单

在此区域当中，可以选择自己喜欢的工作面板模式，如果是一个用惯了旧版本的设计者，可以直接选择“基本”或“旧版”就可以满足需求；还可以设置自己喜欢的版面，设置完后，一定要选择菜单最上方的“存储工作区”选项，然后对其命名以便今后选择使用。

2.2　为效果图制作选区

2.2.1　套索工具的使用

Photoshop 软件被称为“选择的艺术”，所谓选择，即利用选区工具制作形形色色的选区，以达到提取图形和局部图像调整的目的。

套索工具（图 2－2－1）是 Photoshop 中最常用，也是最简单的选区制作工具，在效果图的处理过程中，多用于制作较简单的选区。

将鼠标放置到套索工具上按住鼠标左键不放，便可以调出所有的套索工具选项。

2.2.1.1　套索工具

按住鼠标左键，绘制任意的不规则选区，如图 2－2－2 所示。

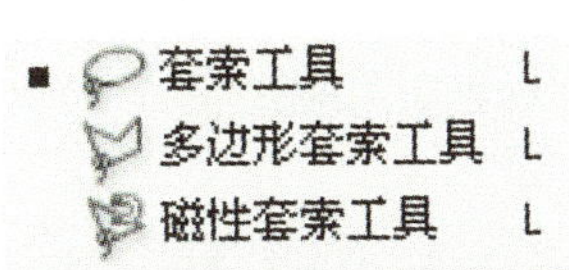

图 2－2－1　套索工具菜单

图 2－2－2　使用套索工具

2.2.1.2　多边形套索工具

在需要制作选区的范围内，依次单击鼠标左键，最后将选区进行闭合即可。如图 2－2－3 所示。

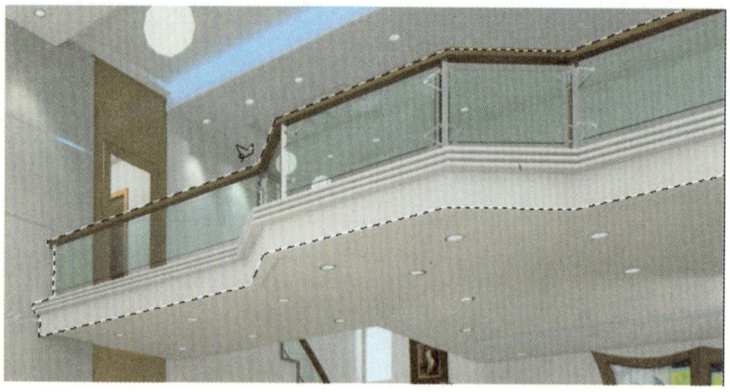

图 2－2－3　多边形套索工具

很明显，多边形套索工具更适合为效果图制作选区。

2.2.1.3　磁性套索工具

磁性套索工具的使用更多的是针对那些前景色与背景色反差较大的图片，它是在制作选区中最常用的工具，如图 2－2－4、图 2－2－5 所示。

图 2－2－4　磁性套索工具制作选区

图 2－2－5　选区制作完毕后

2.2.2　魔术棒工具的使用

当发现图片的某一个地方需要修改，同时图片的颜色很相似，将鼠标移动到工具箱的魔术棒工具上  。利用魔术棒工具制作选区的方法很简单，只需要将工具放到相近颜色区域中，如图 2－2－6、图 2－2－7 所示。

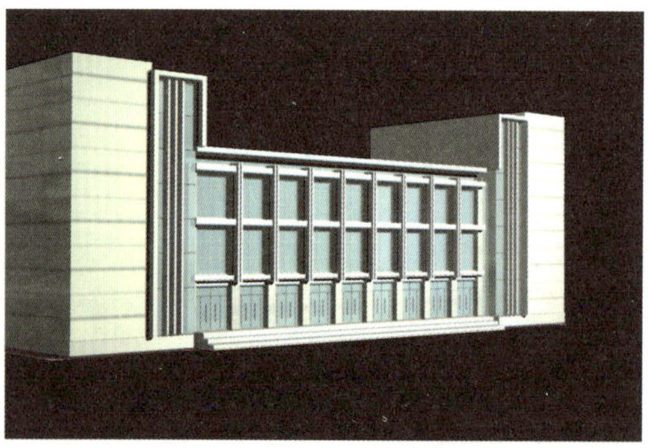

图 2－2－6　做选区前

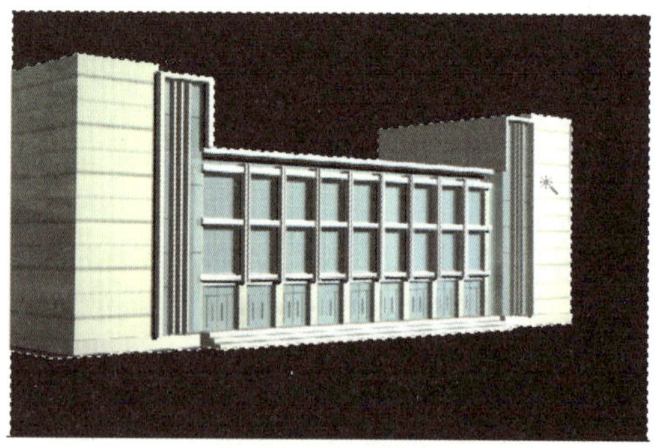

图 2－2－7　选择魔术棒单击黑色区域后

很明显，利用魔术棒可以轻松制作出需要的选区，但是，它并不是一个万能的工具，如果在使用中遇到相对复杂的图片，可以进行其选项的操作。在所有的选项栏目中，容差是最重要的属性，我们可以在其输入框中输入数值，数值越大，所选的范围也就随之增大，反之则会减小。如图 2－2－8 所示。

注意：在使用魔术棒时，可以按住 Shift 键多次点击进行加选区操作，按住 Alt 键可以进行选区的减选。

图 2－2－8　容差不同所选的范围就不同

2.2.3　钢笔工具

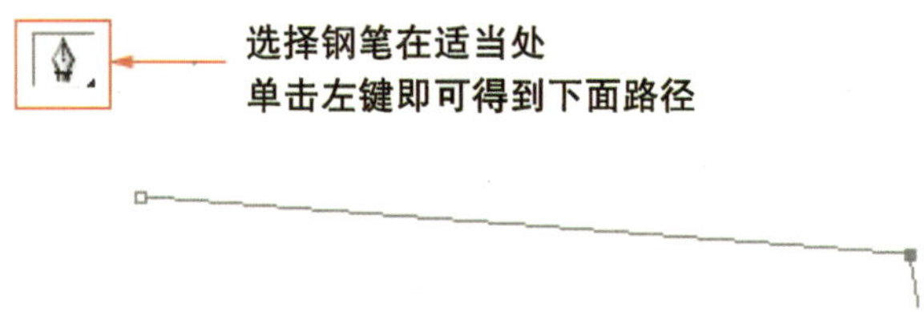

图 2－2－9　得到路径

上面已经介绍了很多制作选区的工具，在效果图后期处理中，还是会遇到更多复杂的图形，所以，只使用前面的选区工具好像就无从下手了，这个时候，必须绘制更加复杂的选区，钢笔工具就是最佳首选。

也许对很多第一次接触 Photoshop 的朋友来说，这个工具显得有些抽象，甚至是不敢使用，他们宁愿用磁性套索工具一点一点地制作选区，但这样做其实是舍近求远，极不方便。

选择钢笔工具执行如图 2－2－9 所示。

然后，我们要将其进行闭合的操作，如图 2－2－10 所示。

当鼠标放到路径的起始点时，钢笔工具变为 ，说明路径可以封闭，此时您只需要再次单击鼠标左键即可将路径进行封闭。

但是在日常工作中，我们不可能总是使用直线路径解决问题，所以，当遇到复杂的图形时，就应该让路径随时可以变形。您只需要按住鼠标左键进行拖动，即可绘制出您需要的各种形状的曲线，如图 2－2－11 所示。

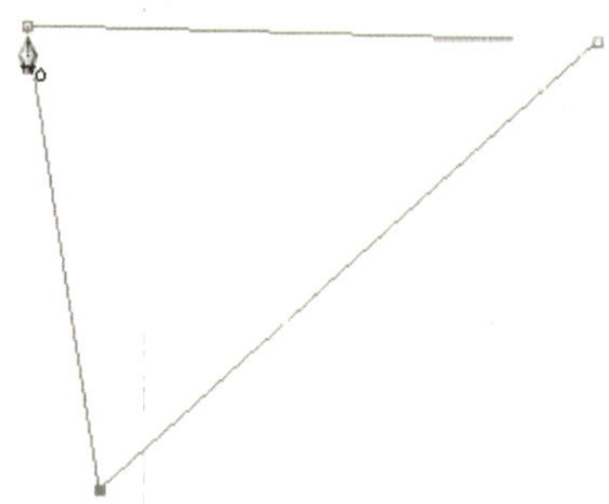

图 2－2－10　闭合路径

绘制第二点以后，您也许会不太满意，因为如果想再次绘制直线路径，好像已经是件不可能的事了，没关系，在不切换任何工具的前提下将鼠标放置到结束点上，按住 Alt 键，然后单击，就可以恢复为直线了（图 2－2－12）。

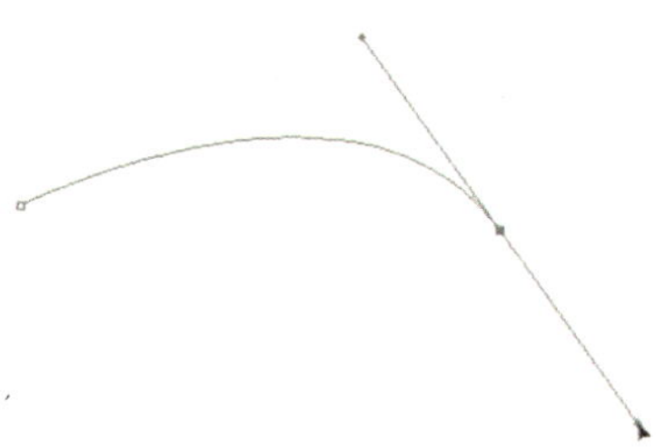

图 2－2－11　绘制曲线

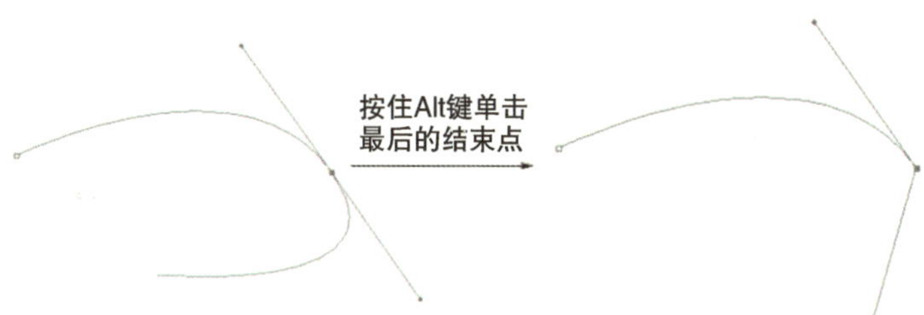

图 2－2－12　恢复直线路径

注意：如果对某个点还不太满意，按住 Ctrl 键，将鼠标放到不满意的点上，拖动即可。

最后，路径完成了，这不是目的，我们需要将路径转换为选区，方法是按住键盘上的 Ctrl + Enter 键，选区出来了，如图 2－2－13 所示。

2.2.4　色彩范围面板的使用

所谓色彩范围，就是最大限度地一次性选择出相近的颜色区域，适合于提取相对繁杂的边缘或略带透明的图像。

2.2.4.1　基本操作

在选择菜单下，选择色彩范围命令，打开色彩范围面板，如图 2－2－14 所示。

图 2－2－13　路径变为选区

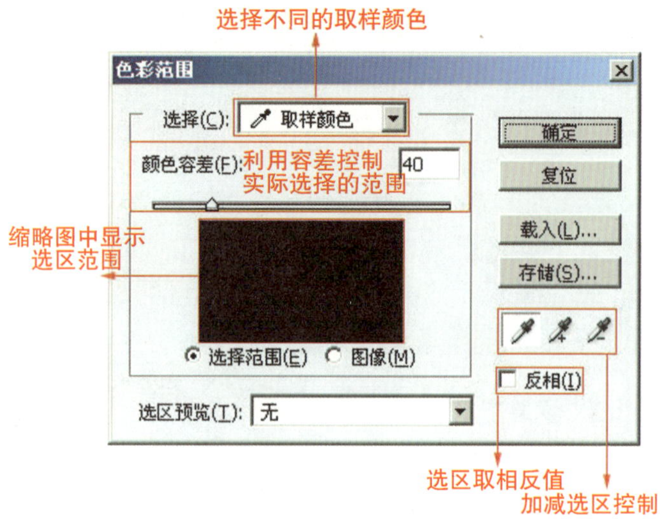

图 2－2－14　色彩范围面板

注意：(1) 在缩略图中，白色显示部分是选区，黑色为非选区，灰色为透明选区。

(2) 当无法一次制作出满意的选区时，可以采用增加或减去选区的操作。

(3) 调节颜色容差的数值，改变黑白灰的比重，以达到图形平稳过渡的效果。

2.2.4.2　具体操作

以如图 2－2－15 所示素材为例来说明色彩范围的具体操作。

图 2－2－15　素材

如果要将图中建筑物进行提取，作为今后的素材，那么完全可以使用色彩范围。

步骤如下：

(1) 打开色彩范围面板，然后将鼠标放入图片内，会发现鼠标变为吸管形状，如图 2－2－16 所示。

(2) 单击天空处，注意，尽量找颜色相近颜色的区域作为取样颜色，然后选择 ，进行选区的增加；如果还有一些差距，您可以简单调节颜色容差，以达到最终效果，如图 2－2－17 所示。

(3) 最后，单击面板上的反相复选框，如图 2－2－18 所示，得到选区，如图 2－2－19 所示，单击“确定”。

(4) 此时只是有了选区，还不能作为今后要使用的素材，还得按一次快捷键 Ctrl + J 将其进行提取处理，最终效果如图 2－2－20 所示。

注意：提取图形后，必须将文件保存成 PSD 格式的文件，这样，建筑物就可以反复使用。

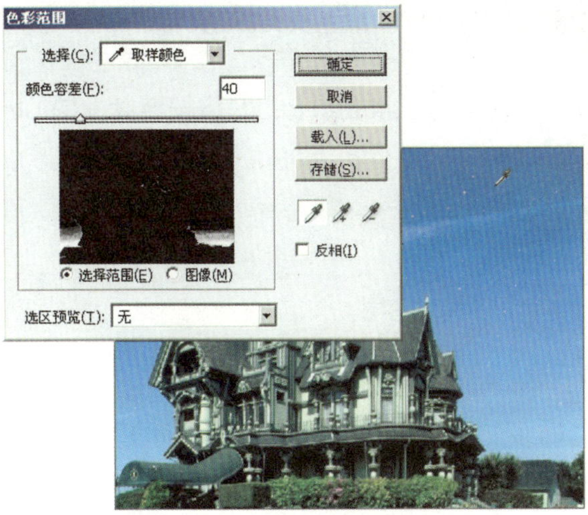

图 2－2－16　打开色彩范围面板

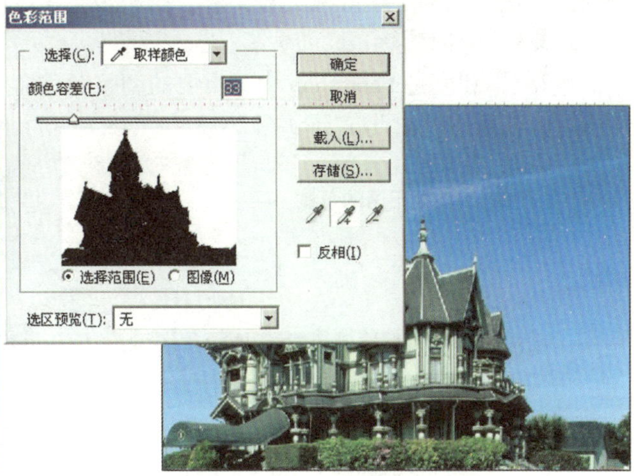

图 2－2－17　选取取样颜色

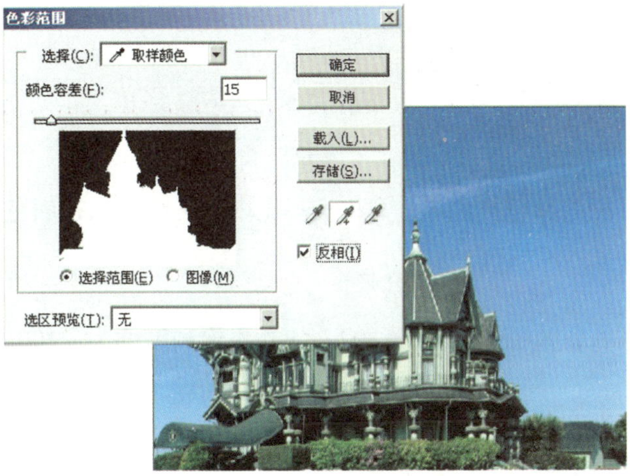

图 2－2－18　选择反相

图 2－2－19　得到选区

图 2－2－20　提取处理

2.3　效果图后期颜色调整

说到效果图后期，就不得不谈一下颜色的调整，因为作为效果图这一虚拟的事物，要想立刻吸引用户的眼睛，除了需要在 3D Max 等三维软件中进行模型的建造，还要配合光、影、色等元素，最终做出最符合现实生活的各种效果。

效果图色调的调整非常重要，特别是室内效果图的色调调整。好的色调会让人在相关的环境中感到惬意。例如，为了让卧室更显温馨，我们多会在装修房间时将卧室的颜色变为暖色调。

2.3.1 色相/饱和度

色相/饱和度是 Photoshop 中最重要的调整颜色命令，广泛运用于很多场合。只需按键盘上的 Ctrl +U 键，就可以调出此工具（图 2-3-1）。

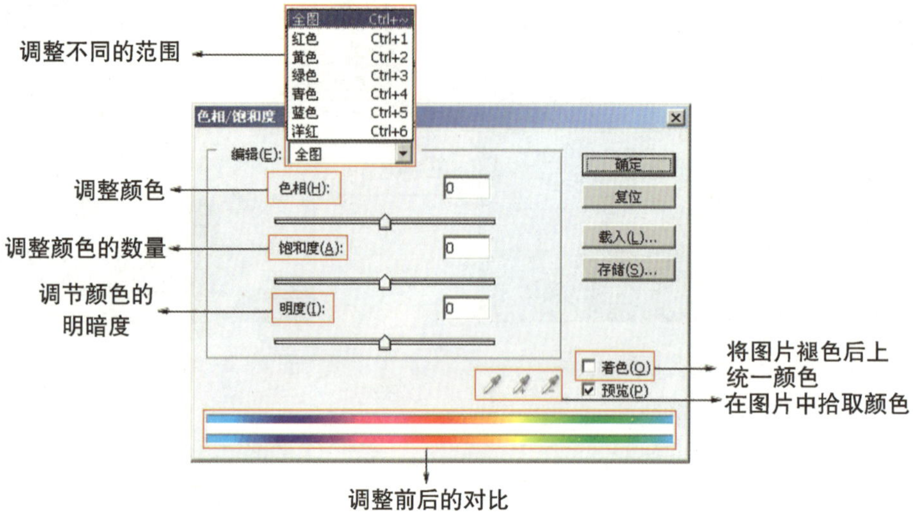

图 2-3-1 色相/饱和度工具

编辑：选择不同的颜色，可以调整图片中带有相关颜色的色彩信息；选择全图则是统一执行颜色的变化。

色相：调整颜色的变化。

饱和度：对使用的当前颜色进行色彩数量的调整，范围是 -100 ~ 100；如果将饱和度调为 -100，无论选择的是何种颜色，都将变为灰度图片。

明度：调整图片的明暗程度；最暗到黑色，最亮到白色。

着色：单纯的上色，一般多用于为黑白图片进行上色。

滴管工具：可以拾取图中的颜色，进行上色。

颜色带：上方为调整后的颜色，下方为原始颜色。

调整效果后如图 2-3-2 所示。

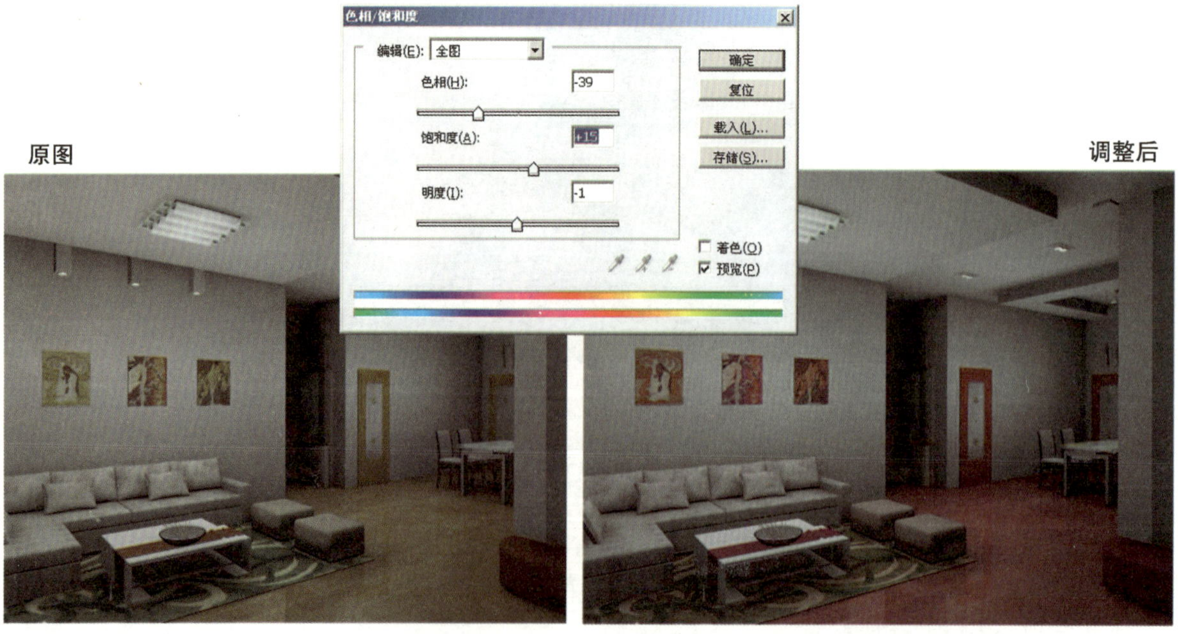

图 2-3-2 调整后效果

2.3.2 色阶和曲线

两个工具（图2-3-3）之所以放在一起讲，是因为两种工具有着惊人的相似，但是在实际的工作中大家会发现，色阶的调整使用较频繁，并且相对简单；而曲线是一种更加灵活的色彩调整工具。

注意：在这两个面板中，都有通道的选项，我们可以通过调节混合通道和单通道的变化，实现不同的颜色调整；混合通道是对图片的明度进行调节，而单通道是对图片中某一种色彩信息进行颜色的调整。

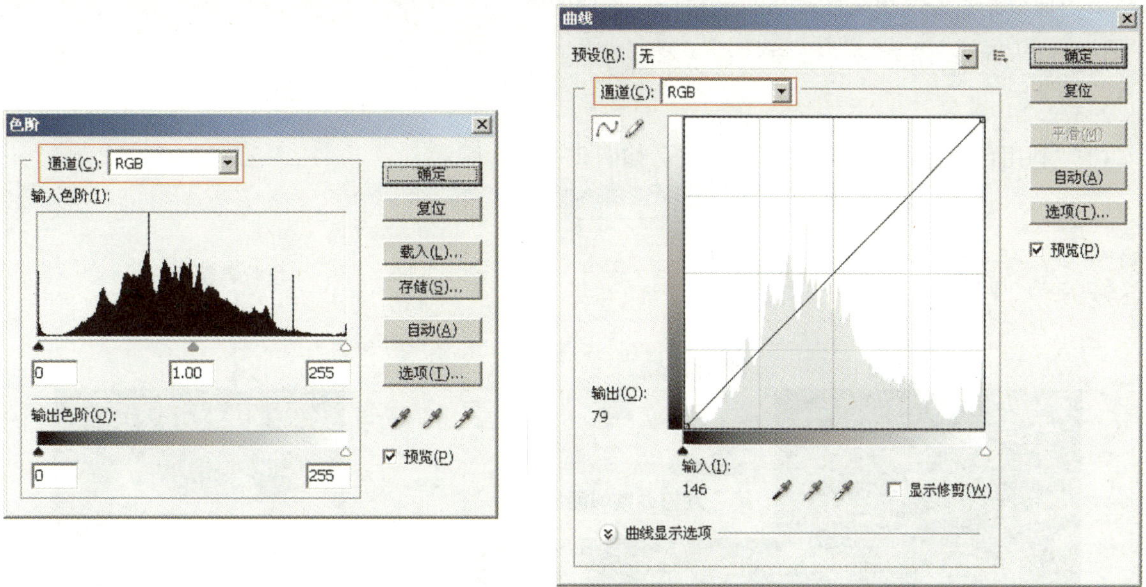

图2-3-3　色阶面板（左）与曲线面板

2.3.2.1　色阶

色阶（图2-3-4）是又一个调节颜色的重要方法。打开的方法有两种：一种是在“图像/调整”中选择“色阶”命令；另一种是按键盘上的快捷键 Ctrl+L 进行调用。

色阶是表示图像的高光、中间调和暗调分布情况，并且能对其进行调整的工具。也就是说，当一幅图像的三种颜色分布一旦失衡后，我们可以利用色阶面板进行调整。

通道：在其下拉列表中可以选择要调节的颜色通道。

输入色阶：用于控制图像中最亮、最暗和中间过渡色，与三个滑块相对应的分别是三个数值框；三个滑块我们习惯性地叫作“场”，再根据其控制的颜色范围，分别命名为暗场、灰场和亮场。第一个滑块在调整时，数值越大，图片中较暗的颜色就会随之越暗，反之会越亮；在对灰场进行调整时，数值越大中间过渡色就会越暗，反之就会越亮；右边的亮场在进行调整时，会根据数值的增大而最暗色变亮，反之就会使最亮色变暗。

注意：无论是在效果图的调整过程中还是其他图片的调整时，中间过渡色是非常重要的，因为一幅色彩完整的图片，一定是中间过渡色较多的。

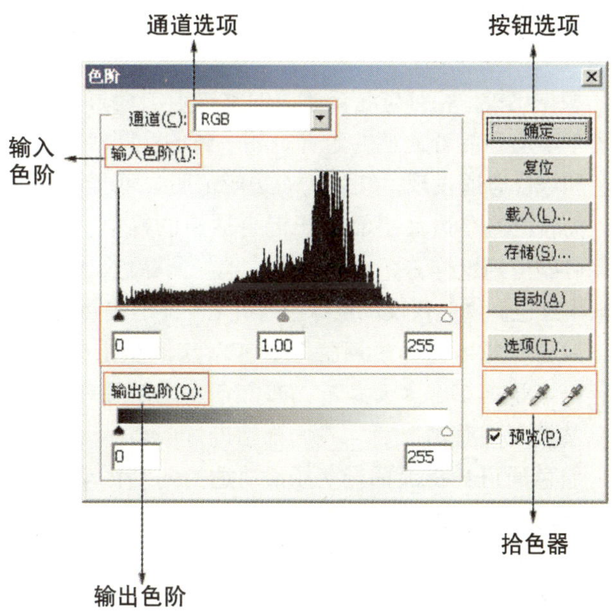

图2-3-4　色阶面板

输出色阶：用于调整图像的亮度和对比度，它的调整和输入色阶的操作十分相似。

按钮选项：这些按钮在平时的工作中不是每一个都很常用，最常用的就是“自动”

按钮，单击后，电脑会对图片自动进行颜色的校对和调整。

注意：在日常工作中，我们都会在导入素材后立刻执行一个叫做自动色阶的命令（快捷键 Ctrl + Shift + L），它的原理和色阶面板中的自动是一个道理。

吸管工具：共有三个吸管，作用是拾取图片中最暗的、中间过渡色和最亮的颜色。单击图像后整个图像变暗；单击图片后，会根据所选择的颜色进行明暗变化，选择的颜色较亮，图片会变亮；反之就会变暗；单击后就会使整个图像变亮。

2.3.2.2　实例

（1）利用色阶进行图像曝光度的调整。如图 2 – 3 – 5 所示。

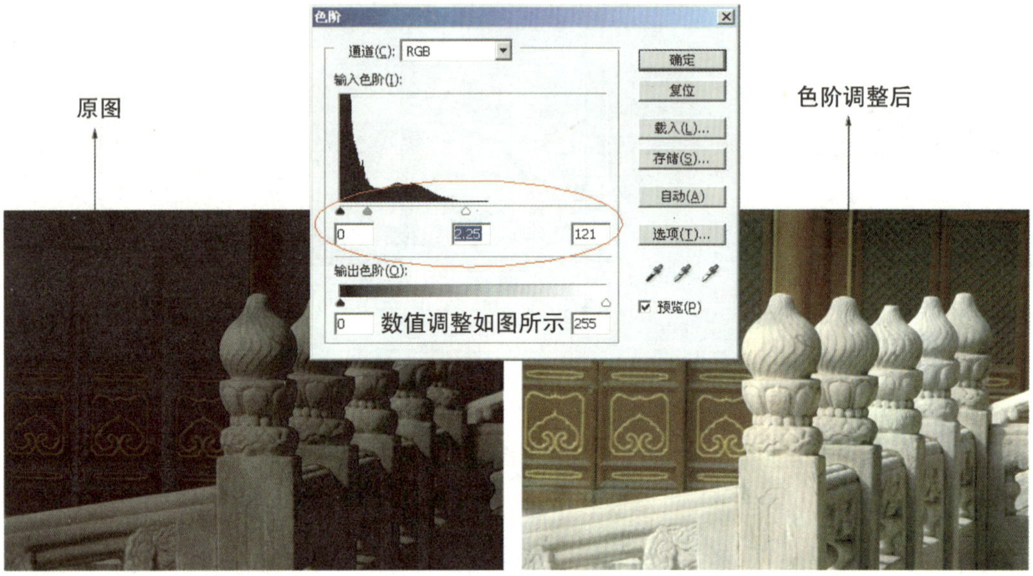

图 2 – 3 – 5　调整图像曝光度

（2）利用色阶修复图片偏色。首先，将偏色图片（图 2 – 3 – 6）用 Photoshop 打开。

图 2 – 3 – 6　偏色图片

按 Ctrl + L 键调出色阶面板，观察正交图的情况。如图 2 – 3 – 7 所示。

通过正交图中所反映出的图形，可以这样形容当前图片的问题所在：

根据比较，相对与混合通道的整体走向而言，蓝色通道基本上和混合通道的走势是相一致的；同时，观察红色和绿色通道发现，红色的右边峰值明显低于混合通道，而绿色的左边又明显低于混合通道的峰值。所以，我们可以得到这样一个结论：图片本身偏绿色，并且严重缺少红色。因此仅仅调整绿色通道是不能解决问题的。

注意：很多图片的调整是不可以只根据感官来进行调整的，这一点在色彩调整上表现的尤为突出；一般情况下，只要是有一种颜色发生了偏移，常常是由多个通道的问题而造成的。

掌握了这些情况后，我们开始进行调整：

绿色通道：将黑场与灰场滑块适当向左移动，如图 2 – 3 – 8 所示。

此时图片中的部分绿色逐渐消退，图像整体变暗，如图 2 – 3 – 9 所示。

红色通道：将红色通道中的亮场和灰场向左边进行适量的拖动，图像颜色基本恢复正常，如图 2 – 3 – 10 所示。

最后，回到混合通道中，进行整体明暗的调整，如图 2 – 3 – 11 所示。

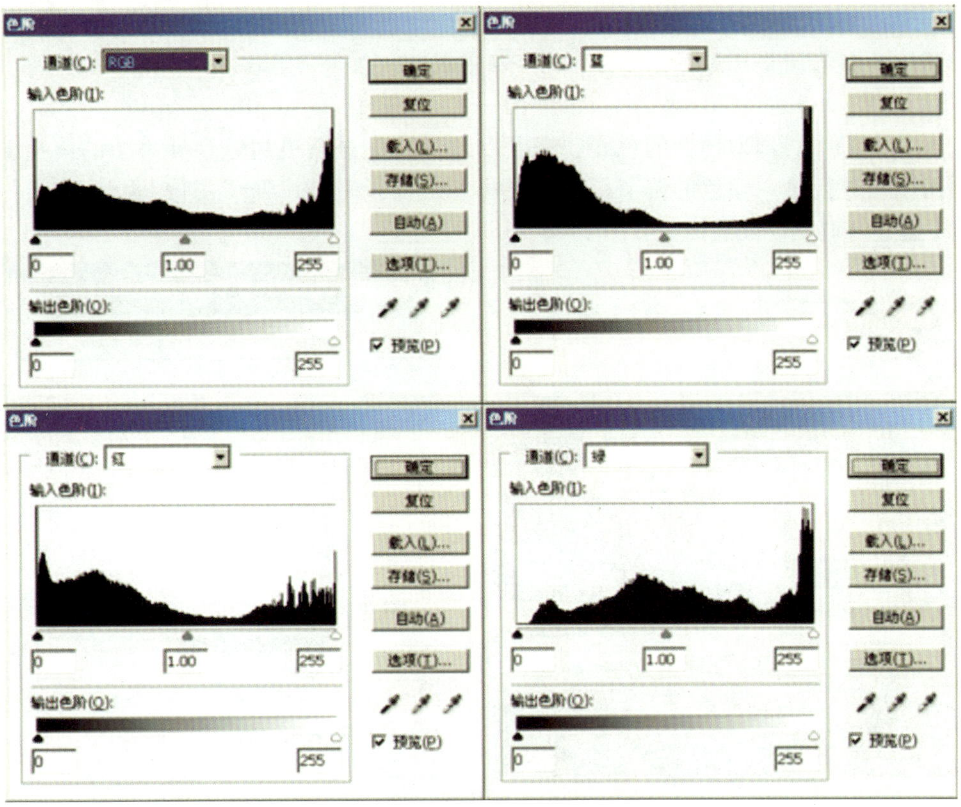

图 2－3－7　混合通道和单通道的比较

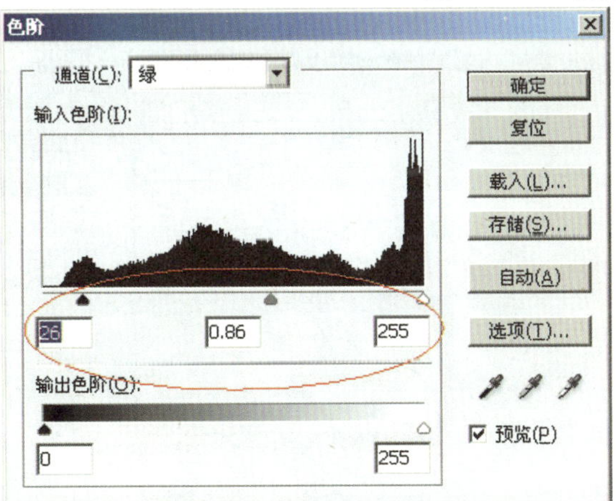

图 2－3－8　调整绿色通道

图 2－3－9　调整绿色通道后的效果

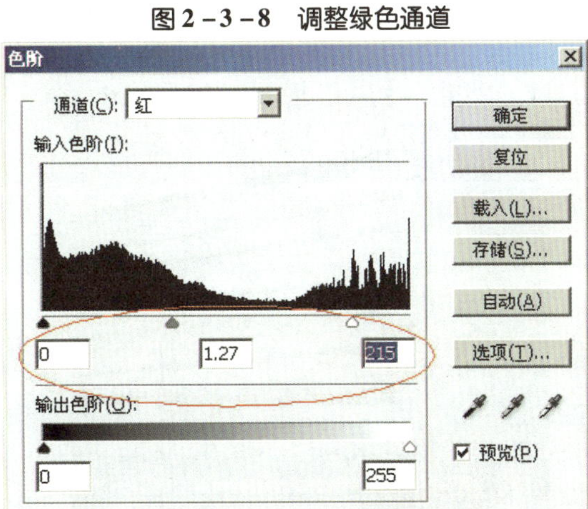

图 2－3－10　调整红色通道

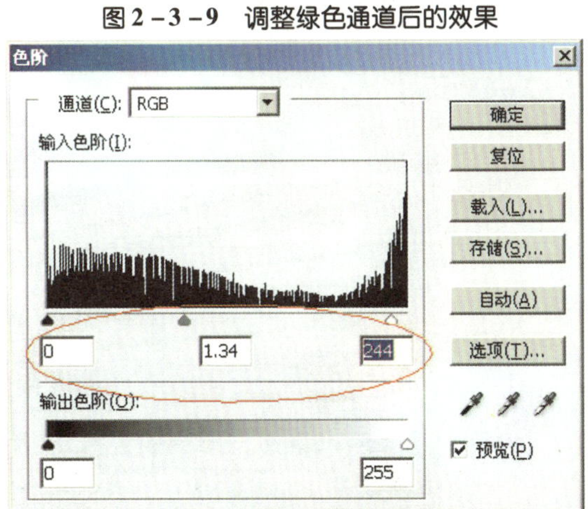

图 2－3－11　调整混合通道

最终的结果，如图 2 - 3 - 12 所示。

注意：简单的颜色调整只需要自动色阶就可以完成。

2.3.2.3　曲线

使用“曲线”命令可以对图像的色彩、亮度以及对比度进行更加综合和灵活的调整，也可以使用单色通道对图片进行单一颜色的调节。打开方法有两种：一是找到“图像/调整/曲线”命令；二是按 Ctrl + M 键进行调出。曲线面板如图 2 - 3 - 13 所示。

图 2 - 3 - 12　整体调整后的效果

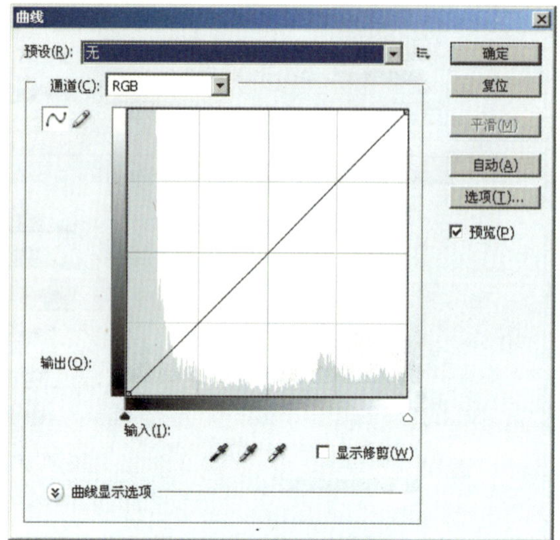

图 2 - 3 - 13　曲线面板

预设：软件为我们设计好的一种调节方式，可以一步达到最终效果，里面有反冲、负片和彩色负片等多种效果。“反冲”面板如图 2 - 3 - 14 所示。图 2 - 3 - 15 是图像选择反冲的效果。

通道：同色阶中通道的作用，在混合通道中是调节图像的明暗对比度，在单色中是调节图片的颜色平衡。

 工具：前者是默认选项，当它被激活时，我们可以通过利用鼠标单击面板中的线条增加控制点，以调整曲线工具的走势；激活后者，移动鼠标，当鼠标变成铅笔形状的时候，我们就可以根据自己的需要来自行绘制曲线的走势了。

利用曲线调整图片，如图 2 - 3 - 16、图 2 - 3 - 17、图 2 - 3 - 18所示。

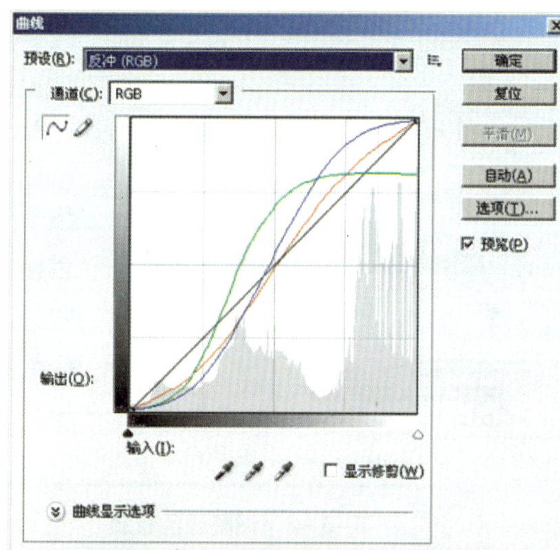

图 2 - 3 - 14　曲线“反冲”面板

原图

结果色

图 2 - 3 - 15　选择“反冲”后图像效果

图 2－3－16　原图

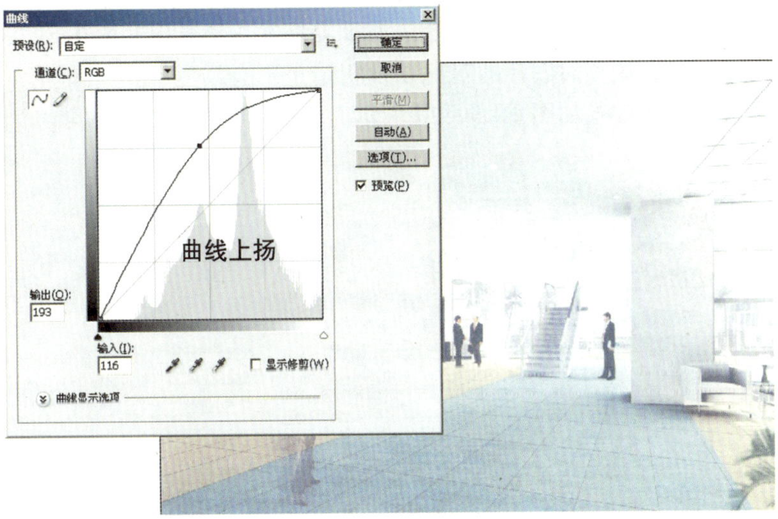

图 2－3－17　调整效果一

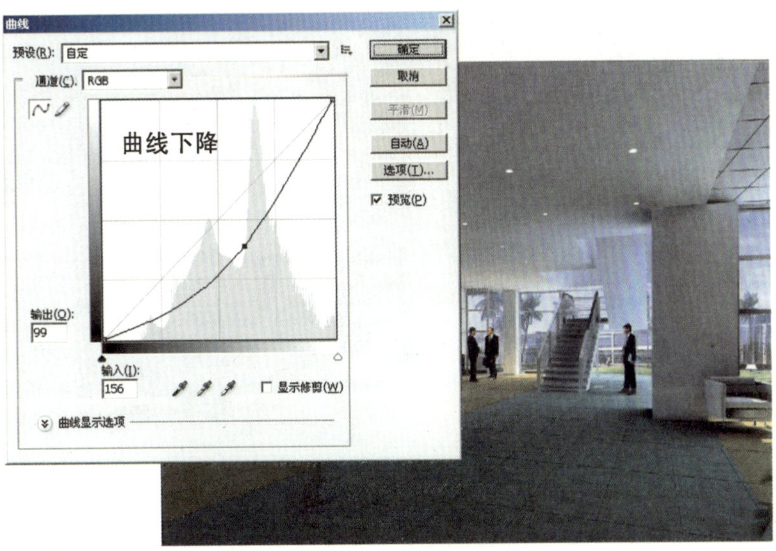

图 2－3－18　调整效果二

由上述内容我们可以得出：当一个区域的曲线上扬时，图片会变亮；而下降时，图片会变暗。

注意：此处讨论的情况都是在一种叫做 RGB 的颜色模式下进行的，当使用的是 CMYK 颜色模式时，颜色的变化是截然相反的。

2.3.3 色彩平衡的使用方法

色彩平衡是 Photoshop 中最直接的调整颜色工具，同时也是使用方法最简单的工具。我们可以通过“图像/调整/色彩平衡”命令调出色彩平衡面板，或是按键盘上的 Crtl + B 键调出。

打开对话框后，布局如图 2 - 3 - 19 所示。

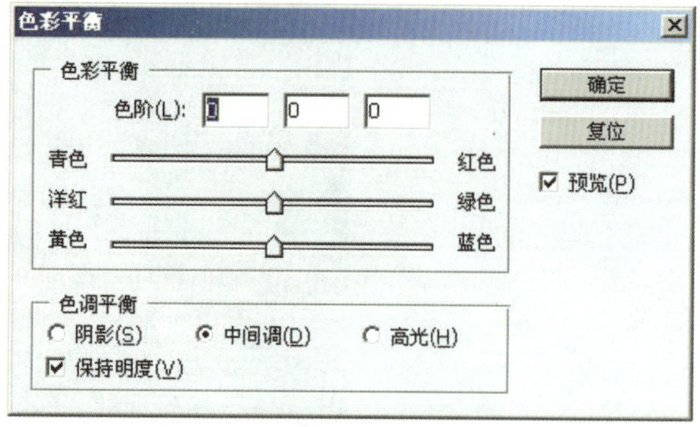

图 2 - 3 - 19　色彩平衡面板

色阶：直接输入数值，随之三个滑块就会根据数值进行相应的改变。

滑块：移动滑块偏向哪种颜色，图片就会偏向哪种颜色。

色调平衡：阴影、中间调、高光选项。选择一项后，与之相对应的图片中的最暗、中间调和最亮的颜色将发生明显的变化。

注意：一般情况多选择中间调进行调整，原因就是我们在色阶工具介绍时所说的那样，一般一张图片都是中间过渡色是最多的，所以，这有利于最大限度地改变整张图片的色调。

保持明度：选中此项后，调整时图片的对比以及明暗是不会改变的。

使用色彩平衡处理图片的效果如图 2 - 3 - 20 所示。

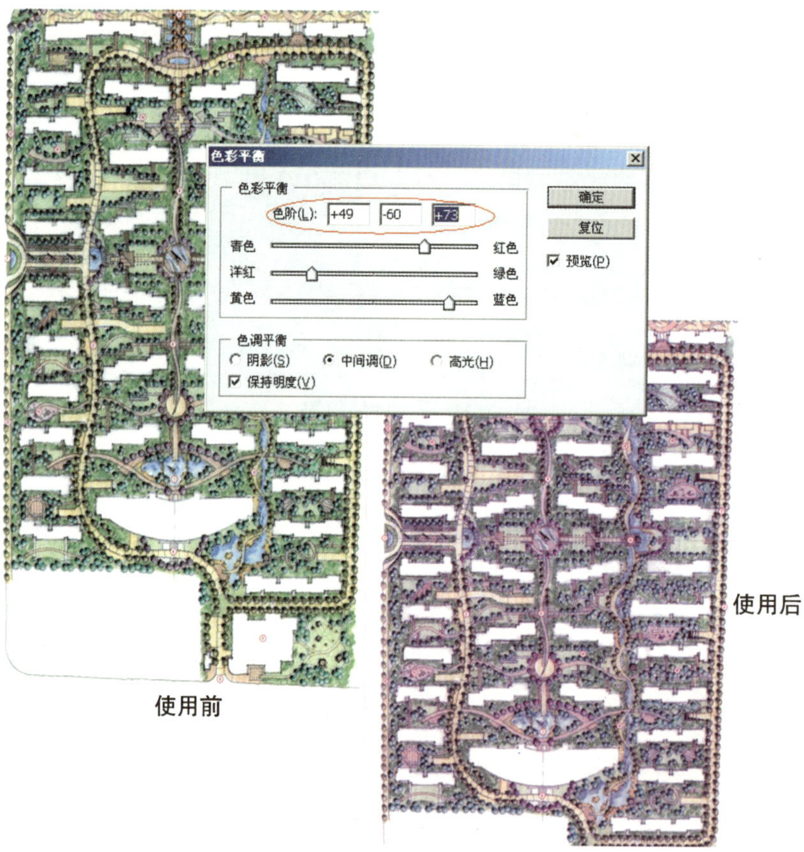

图 2 - 3 - 20　使用色彩平衡处理图片的前后对比

2.3.4 其他命令

2.3.4.1 匹配颜色

匹配颜色（图 2 - 3 - 21）命令是 Photoshop CS 开始新增功能，使用此命令可以将当前选中图像的颜色与下一个图层图像的颜色或其他图像文件中的颜色相匹配，一般有两种用途：一是图像合成之前对两幅图像进行颜色的匹配；二是利用其修复不正常颜色或实现图像颜色的特殊效果。

图像选项：用于调整匹配颜色后的亮度、颜色强度和消退程度。

注意：选中“中和”复选框后是利用两幅图像的中间色进行匹配。
图像统计：该选项栏主要是设置匹配颜色的图像来源和所在图层。
实例：利用匹配颜色制作黄昏的室外建筑效果图。
打开两幅原始图片，如图2－3－22、图2－3－23所示。

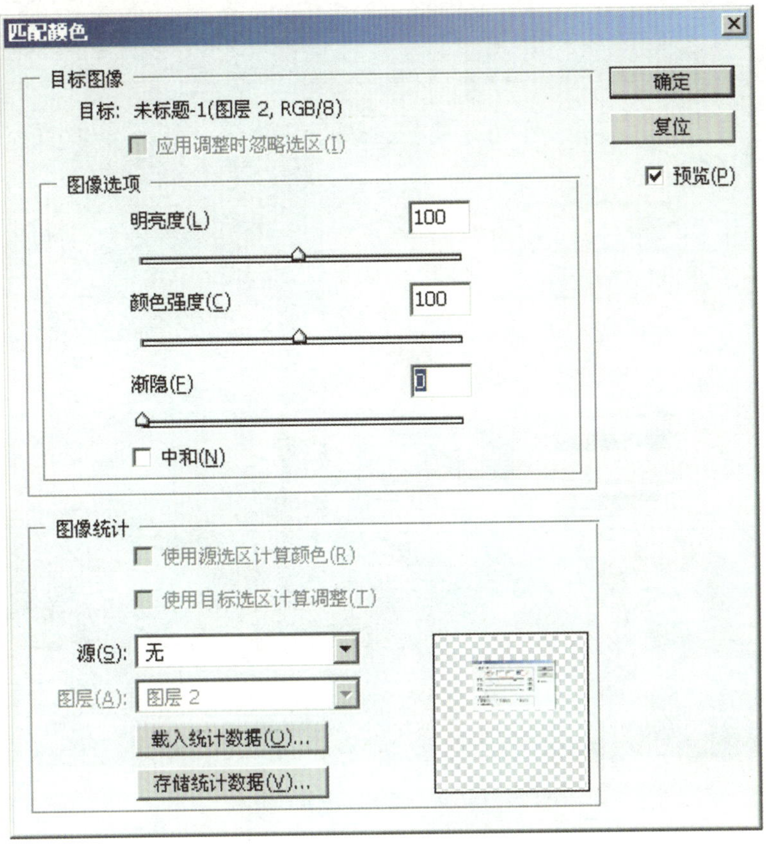

图2－3－21　匹配颜色面板

图2－3－22　原始图片一

图2－3－23　原始图片二

我们现在就是想将图2－3－23的色调赋予图2－3－22室外效果图，以产生黄昏的效果。

操作步骤如下：

保证当前正在操作的图片是图 2－3－22 效果图，然后调出匹配颜色面板如图 2－3－24 所示。

在面板中的源选项中，选择另外一幅图片，然后将“图像选项”中的各项数值调整到如图 2－3－25所示。

图 2－3－24　调出匹配颜色面板

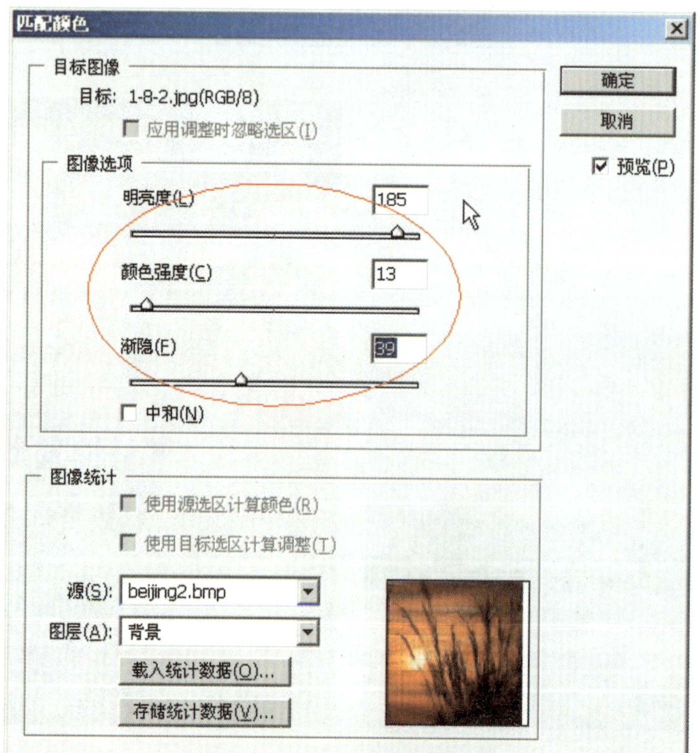

图 2－3－25　调整数值

此时在工作区域当中图像已经发生了变化。如图 2－3－26 所示。

图 2－3－26　图像发生变化

注意：数值仅供参考使用，根据显示器显示效果不同，应有不同的数值标准。

2.3.4.2　照片滤镜

照片滤镜的原理是源自相机镜头的使用，它指的是模仿在相机镜头前面加上一个彩色的滤镜片，以调整光线在镜头传输中的平衡；同时，在这里，我们还可以直接用它来进行图像色调的变化，特别是整体上改变室内效果图的色调模式。

选择“图像/调整/照片滤镜”，可以调出如图 2－3－27、图 2－3－28 所示面板。也可以通过选择“颜色”选项后自行进行修改颜色。

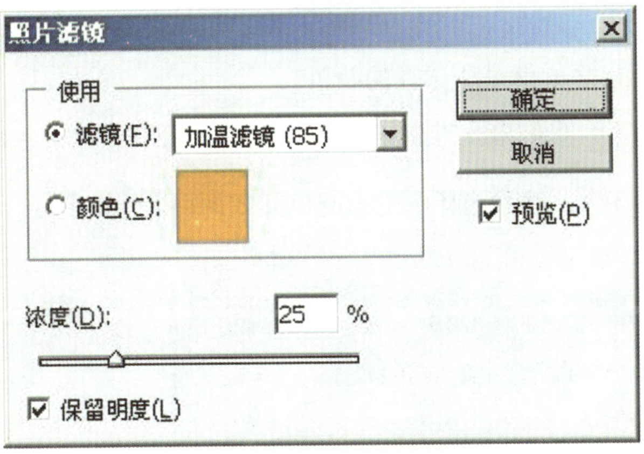

图 2－3－27　照片滤镜面板

图 2－3－28　滤镜选项菜单

浓度：根据需要而进行的色彩数量的调整。

如图 2－3－29 所示，是利用照片滤镜对客厅的整体颜色进行调整后的结果。

2.3.4.3　渐变映射

渐变映射是一种在效果图处理过程中经常用到的工具，用于制作各种特殊颜色的效果，例如金属、黄金等极富质感的物件。

选择“图像/调整/渐变映射”，即可调出面板（图 2-3-30）。

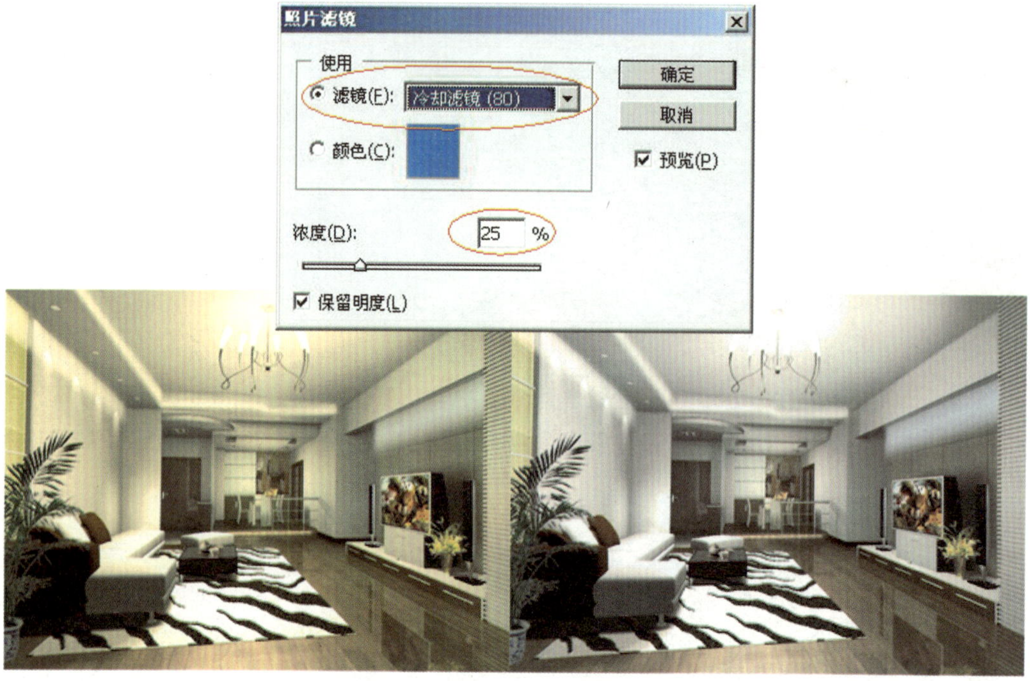

图 2-3-29　利用照片滤镜调整后的结果

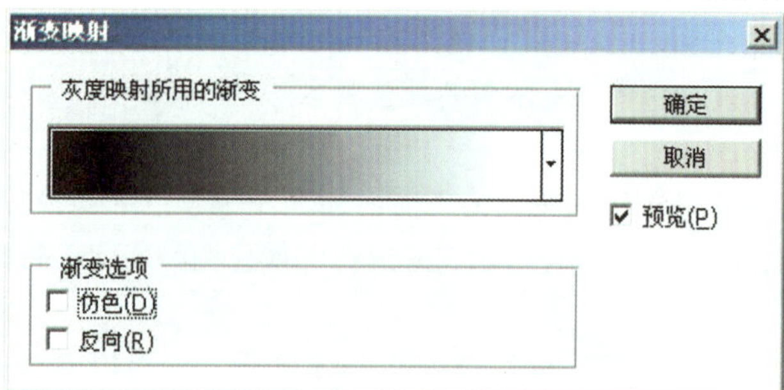

图 2-3-30　渐变映射面板

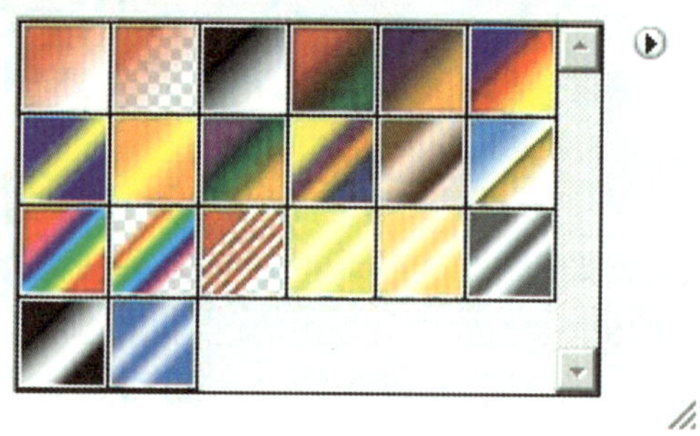

图 2-3-31　颜色模式选项

打开面板后，可以发现这个工具的操作是十分简单的，就是简便颜色的调整；对图像进行调整后，原始图片中所有的色彩都被去除掉，取而代之的就是所选择的颜色。

更改颜色的设置：单击 ▾ ，可以弹出电脑为我们事先准备好的颜色模式。如果觉得这些样式还是太少，单击 ▶ 会弹出加载选项（图 2-3-31），然后选择希望的颜色模式即可。

注意：在加载时会弹出如图 2-3-32 的对话框。

图 2-3-32　加载对话框

这时候，尽量单击“追加”按钮，意思是在现有颜色调板的基础上实现颜色的增加；否则，就会用选定的模式来替换现有的所有颜色。

第二种方法是直接单击颜色缩略图部分，此时会弹出自定义设置颜色对话框，进行各种颜色的设置。如图 2－3－33 所示。

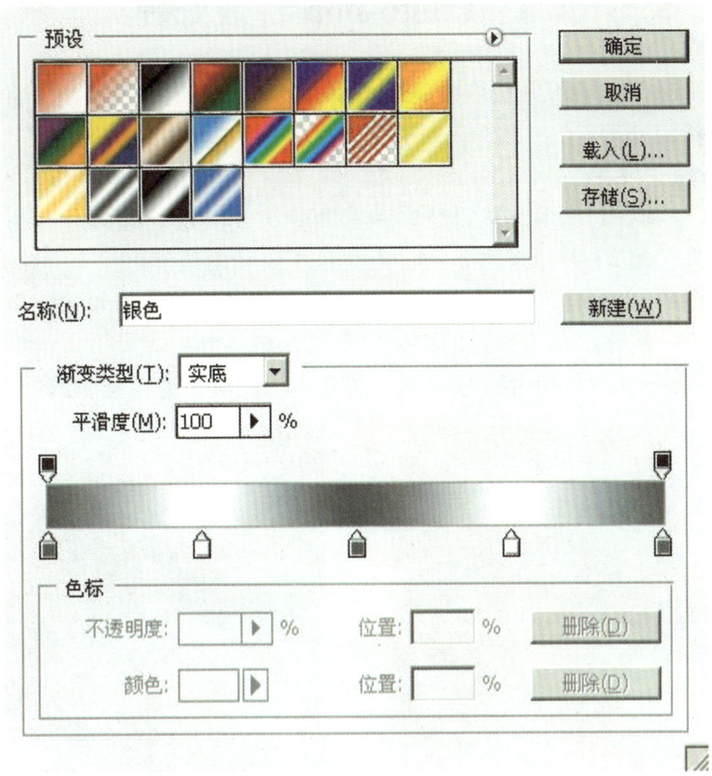

图 2－3－33　自定义设置彩色对话框

在这个面板中，可以自行拖动或添加滑块以及更改每个滑块所能控制的实际颜色。图2－3－34、图 2－3－35 为利用颜色渐变制作出的金属效果。

上述是关于 Photoshop 中几种常用的调整颜色工具，这些工具面板都是在“图像/调整”菜单下面（图 2－3－36）。

图 2－3－34　原图

图 2－3－35　金属效果

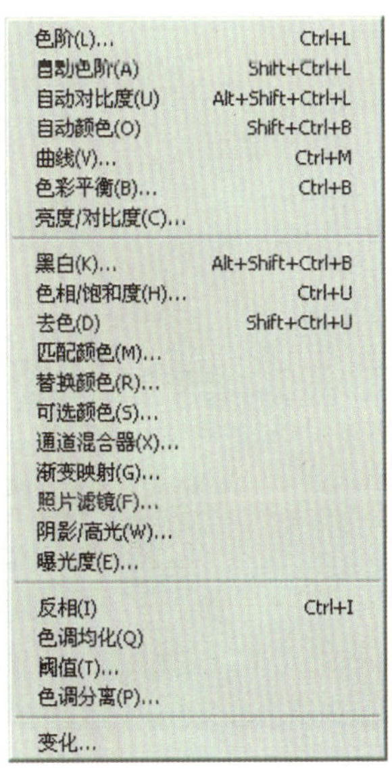

图 2－3－36　“图像/调整”菜单

实际上菜单中还有很多命令在讲解中未涉及到，但这并不代表那些剩下的命令就不重要了，这里讲解的主要是在日常工作中使用频率较多的命令，在后面的章节中会在具体的特殊实例中对剩下的命令进行配合讲解。

2.4 Photoshop 特效处理

在效果图后期处理时，为了不只是单独显现出单一的楼体、单一的环境，常常会使用一些方法对简单的画面进行一些特效处理。

2.4.1 特效之父——滤镜

滤镜是 Photoshop 中特有的工具，它们是集多重命令组成的批处理命令，利用这些命令，可以轻松实现非常独特的效果，图 2 –4 –1 ~ 图 2 –4 –3 就是主要利用滤镜再加上一些其他命令得到的效果。

在室外园艺效果图的处理过程中，它又可以制造出各种各样的传神效果，例如为单调的外景加上阳光普照的效果，为草坪制作出白雪覆盖的效果，等等。

所以，滤镜是 Photoshop 中最神奇的魔术师。图 2 –4 –4 所示为滤镜所有的命令。

图 2 –4 –1　墙体

图 2 –4 –2　木板

图 2 –4 –3　滤镜制作的乌云效果

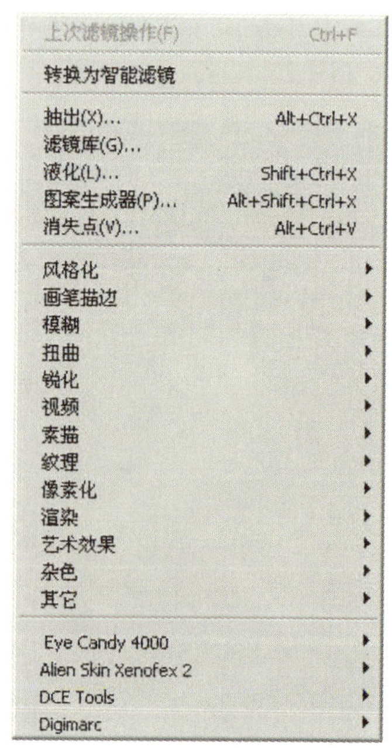

图 2 –4 –4　滤镜命令菜单

打开滤镜菜单后可能会发现少一些滤镜，这是因为所看到的滤镜是 Photoshop 的默认滤镜，可以通过后期添加第三方滤镜插件进行滤镜扩容。扩容的方法是：

首先，关闭 Photoshop 软件，然后找到 Photoshop 的安装根目录（例如：C:\ Program Files \ Adobe \

Adobe Photoshop CS3)，找到里面的 Plug-Ins 文件夹，双击打开，这就是软件存放路径的文件夹，以后当获得了其他滤镜后，就可以将其安装到这个文件夹下面，重启软件后，就会在滤镜菜单下找到所需要的滤镜。图 2 –4 –5 为 Photoshop 的根目录及滤镜存放文件夹。

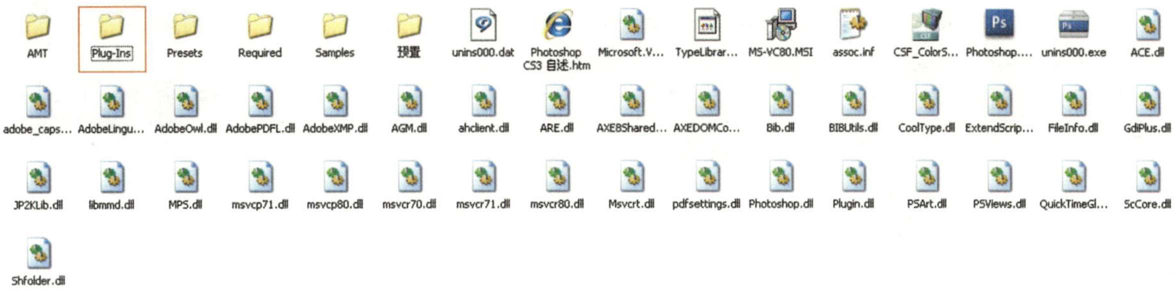

图 2 –4 –5　根目录及滤镜文件夹

2.4.2　基础是关键——图层、图层样式

2.4.2.1　图层

图层是 Photoshop 中一个很重要的概念，它是操作软件的根本所在。

一个图层就是一张透明的纸，换句话说，只要是没有图像的遮挡，每一个图层中的图像都是完全可见的；在日常工作中，设计人员应当养成一种良好的习惯，那就是要根据图像添加元素的需要，尽可能多地使用图层，如图 2 –4 –6 与图 2 –4 –7 所示。

图 2 –4 –6　效果图

(1) 层面板。

通过层面板，可以清晰地看到当前图层的结构，单击 为新建图层 (将原有图层拖动到按钮上面是完全复制层)，单击 为删除当前图层，单击 为增加图层文件夹，这样我们就可以将选中的多个图层拖动到其中进行统一管理，其他基本设置如图 2 –4 –8 所示。

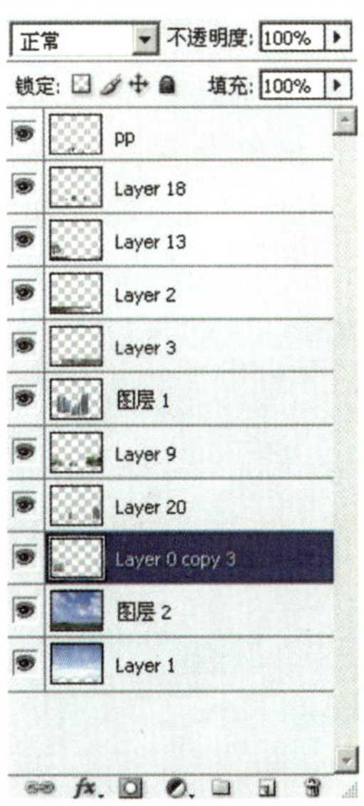

图 2 –4 –7　效果图层面板

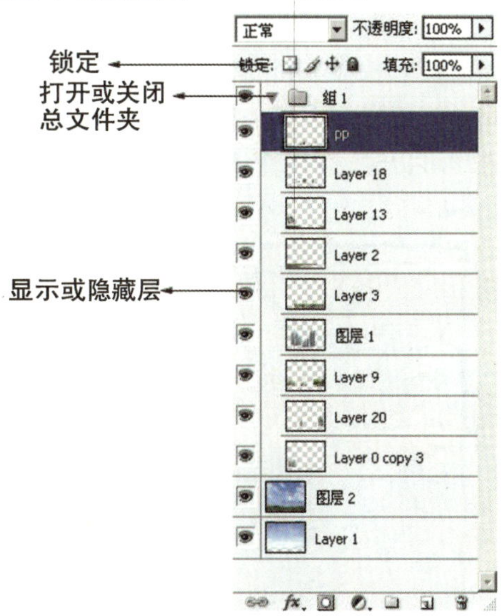

图 2 –4 –8　层面板的基本设置

选中某一个层，进而选中此图层中相应的图像；同时，拖动图层完成图层的位置的改变，使得图像进而得到前后顺序的改变；在层面板上，通过配合 Crtl 键或 Shift 键进行图层的加选（图 2－4－9、图 2－4－10）。按住 Ctrl 键单击其他图层，就是逐个进行加选取，而按住 Shift 键就是连续加选取。

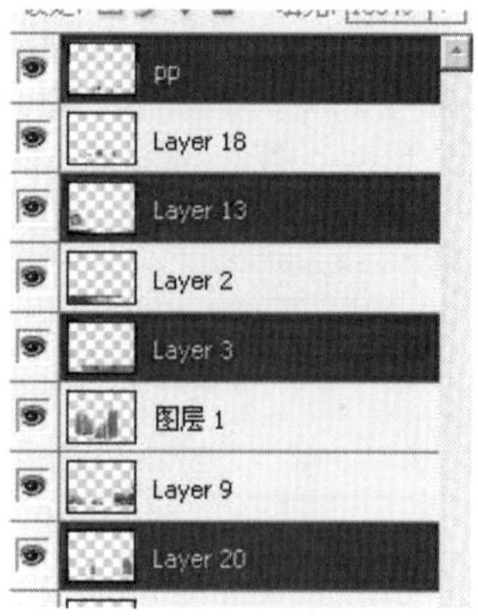

图 2－4－9　按住 Ctrl 键单击图层

（2）不透明度。

“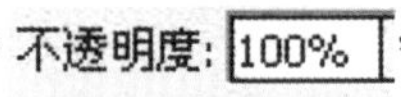

” 在图层面板的最上方，可以通过输入数值或拖动来进行不透明度的改变。

（3）载入图层选区。

当图层上放置了一个单一的图像时，可以快速载入图像的选区，方法是按住 Ctrl 键单击图层的缩略图 ，随后，画布就会显示出完全符合轮廓的蚂蚁线。这种方法的最大优点是可以将很辛苦制作的选区保存到一个图层中，以后就可以反复使用了。

2.4.2.2　图层样式

单击层面板最下方的  按钮，可以看到弹出很多菜单，可以任意选择其中的一个将图层面板调出来（图 2－4－11）。

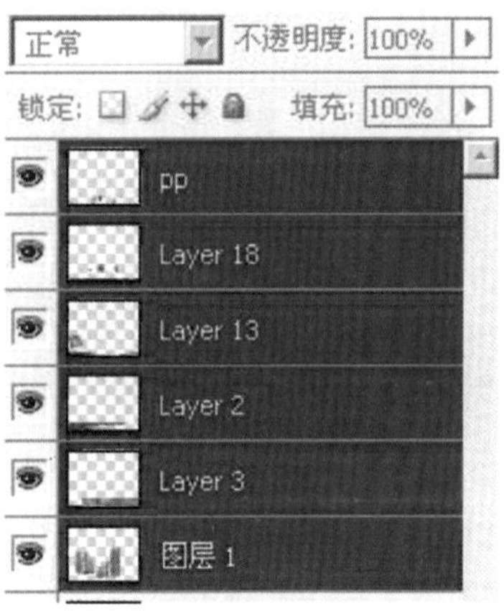

图 2－4－10　按住 Shift 键单击图层

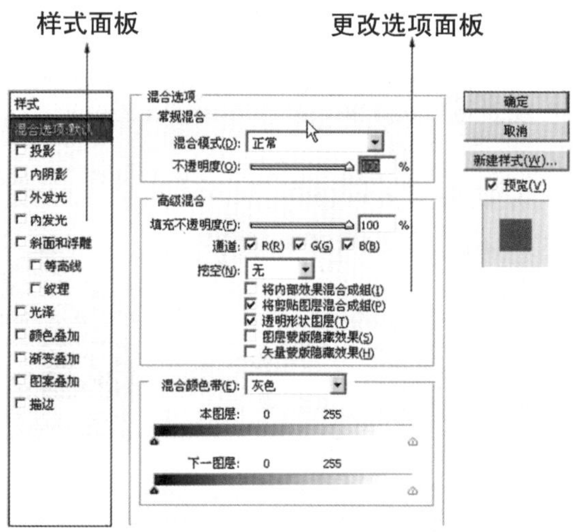

图 2－4－11　调出图层面板

样式面板：选择不同的样式使用，可以重复选择，并且由于更改有先后顺序，会导致当前的样式截然不同；图层样式本身是很具有灵活性的一种工具，所以通过不同的组合方式，可以实现无穷大的样式效果。可以说，利用层样式，是可以模拟现实生活中的任意的实体。

图 2－4－12、图 2－4－13 为利用层样式制作的浮雕效果。

图 2－4－12　浮雕线稿

图 2－4－13　浮雕效果图

图 2－4－14 为利用层样式制作的水珠效果。

更改选项面板：根据所选样式的不同，随时进行相应的改变。

2.4.3　合二为一—— 图层混合模式

所谓图层混合模式，是指图层之间根据一定的原则所进行的颜色的重新搭配，或者叫做图像的对应像素之间发生作用最终导致的颜色的变化。在实际的操作中，不仅仅只是图层有混合模式，其他很多地方都会存在，例如画笔工具、计算命令、消退命令，等等。

图 2－4－14　水珠效果图

图 2－4－15 是图层混合模式的调用位置以及混合类型。

注意：单独一个图层是无法进行混合的；在混合时，图层上下位置发生改变后，原有混合模式会失去效果。

在图 2－4－15 的列表中，可以清楚地发现，混合模式是根据其相似程度进行分门别类排列的。其中最重要的是变暗模式组（用于对图片中较暗的颜色进行调整）、变亮模式组（用于对图片中较亮的颜色进行调整）和叠加模式组（用于对图片中中间过渡色进行颜色的调整）。图 2－4－16、图 2－4－17 给出了一个用滤镜和图层混合模式制作的雨景效果图。

由于本书并不是解决软件的使用问题，故不会大量地讲解其中的命令，在后面的章节中，会对使用到的相关命令进行有针对性的讲解。

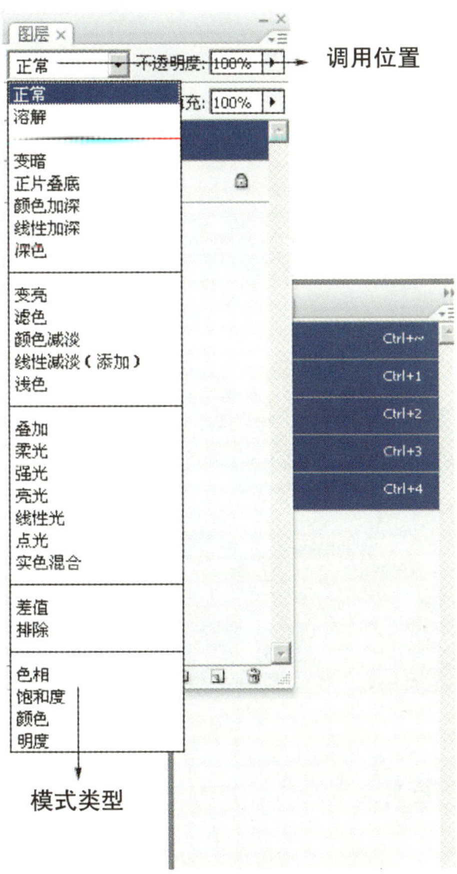

图 2－4－15　图层混合模式菜单

图 2－4－16　原图

图 2－4－17　利用滤镜和图层混合模式制作的雨景效果

2.4.4 最佳合成者——蒙版

蒙版是在图层的基础上派生出的一个高级操作模式，在效果图的处理中，使用最多的便是实现多元素的无缝拼接。

建立蒙版：选中需要添加蒙版的图层，单击 即可添加蒙版，如图 2－4－18 所示。

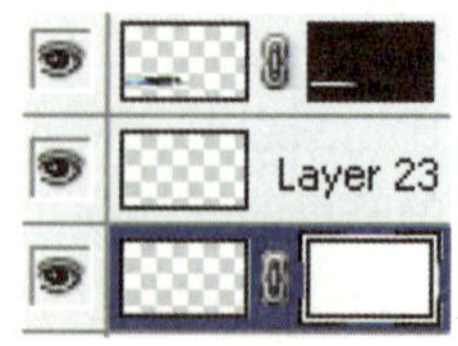

图 2－4－18 添加蒙版后图层面板的显示

从图 2－4－18 可以看出，添加的蒙版有黑有白，这就是蒙版的最核心概念，即白蒙版、黑蒙版和灰蒙版。白蒙版是完全显示被蒙住的图层；而黑蒙版是完全显示被蒙对象的下一个图层；灰蒙版则是显示半透明状态，即下面的两个图层都会看得见。

蒙版的操作：在蒙版中，最常用的就是画笔工具和渐变工具，利用这两个工具，就可以让两个图层做到有的显示而有的隐藏。如图 2－4－19、图 2－4－20 所示。

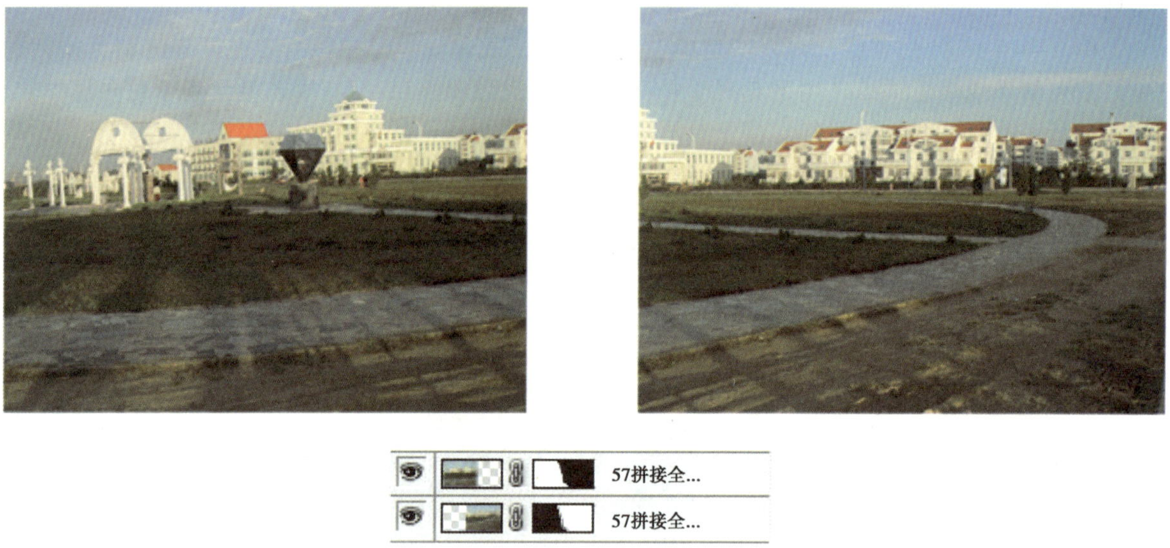

图 2－4－19 蒙版图层效果

图 2－4－20 合成后的效果

注意：在选中蒙版后，利用画笔和渐变工具进行修改时只能使用黑白灰三种颜色进行修改，这是由蒙版本身的性质所得到的。

2.5 色 彩 模 式

色彩模式是进行电脑设计的基础，它反映的是色彩在不同的载体中的不同表现，只有了解了色彩模式，才能在今后的出图过程中做到万无一失。

2.5.1 RGB 色彩模式

颜色属性：简单的说就是自然界万物的颜色或者是说模拟一切会发光物体的颜色。

RGB 色彩模式是工业界的一种颜色标准，是通过对红（R）、绿（G）、蓝（B）三个颜色通道的变化以及它们相互之间的叠加来得到各式各样的颜色的，RGB 即是代表红、绿、蓝三个通道的颜色，这个标准几乎包括了人类视力所能感知的所有颜色，是目前运用最广的颜色系统之一。

目前的电脑显示器大都采用了 RGB 颜色标准，这就是为什么它对我们来说这么重要了。在显示器上，通过电子枪打在屏幕的红、绿、蓝三色发光极上来产生色彩，目前的电脑一般都能显示 32 位颜色，约有一百万种以上的颜色。如果说它所显示的颜色还不能完全吻合自然界中的某种色彩的话，那肉眼也几乎不能分辨出来。

电脑设计运用范围：显示器显示、RGB 色打印、RGB 色喷画等。

独特之处：色彩丰富饱满，但不能进行普通的分色印刷。

混色设定（加法混合）：RGB 是从颜色发光的原理来设计定的，通俗点说它的颜色混合方式就好像有红、绿、蓝三盏灯，当它们的光相互叠合的时候，色彩相混，而亮度却等于两者亮度之总和（两盏灯的亮度），越混合亮度越高，即加法混合。有色光可被无色光冲淡并变亮。如蓝色光与白光相遇，结果是产生更加明亮的浅蓝色光。知道它的混合原理后，在软件中设定颜色就容易理解了。红、绿、蓝三盏灯的叠加情况，中心三色最亮的叠加区为白色，加法混合的特点是越叠加越明亮。红、绿、蓝三个颜色通道每种色各分为 255 阶亮度，在 0 时“灯”最弱——是关掉的，而在 255 时“灯”最亮。当三色数值相同时为无色彩的灰度色，而三色都为 255 时为最亮的白色，都为 0 时为黑色，如图 2－5－1 所示。

2.5.2 CMYK 色彩模式

颜色属性：简单说就是专门用来印刷的颜色。

CMYK 是另一种专门针对印刷业设定的颜色标准，是通过对青（C）、洋红（M）、黄（Y）、黑（K）四种油墨颜色变化以及它们相互之间的叠加来得到各种颜色的，也是 Photoshop 软件中四个通道的颜色。如图 2－5－2 所示。

具体到印刷上，是通过控制青、洋红、黄、黑四色油墨在纸张上的相叠印刷来产生色彩的，它的颜色种数少于 RGB 色。

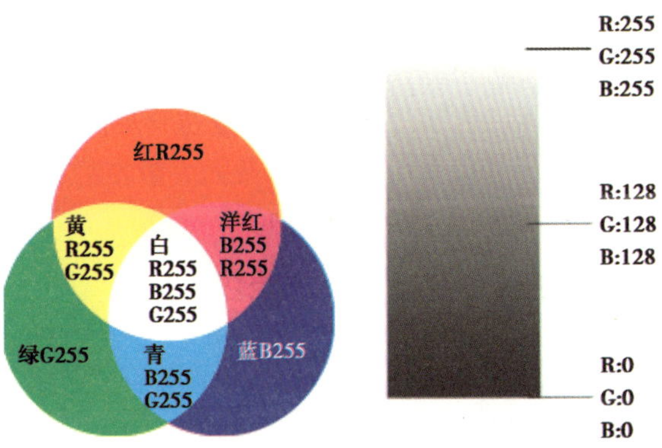

图 2－5－1 RGB 模式中三色数值的不同组合呈现出的色彩

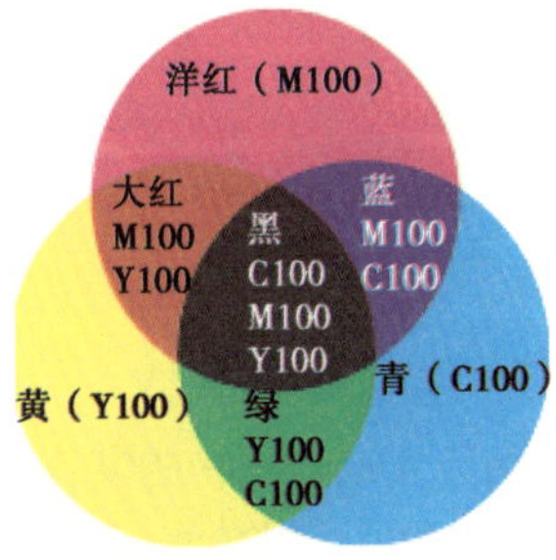

图 2－5－2 CMYK 颜色的混合模式

电脑设计运用范围：四色印刷、四色打印等。

独特之处：色彩不如 RGB 色丰富饱满，在 Photoshop 中运行速度会比 RGB 色慢，而且部分功能将无法使用。由于颜色种数没有 RGB 色多，当图像由 RGB 色转为 CMYK 色后颜色会有部分损失（从 CMYK 转到 RGB 则没有损失），但它也是唯一一种能用来进行四色分色印刷的颜色标准。

混色设定（减法混合）：CMYK 是以对光线的反射原理来设计定的，所以它的混合方式刚好与 RGB 相反，是“减法混合”——当它们的色彩相互叠合的时候，色彩相混，而亮度却会减低。为什么会这样呢？来看看光线是怎样通过印刷品而进入眼睛的，就会清楚了，如图 2 -5 -3 所示。

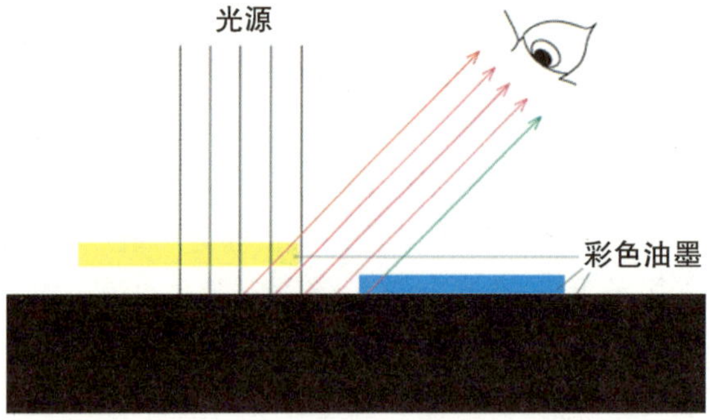

图 2 -5 -3　光线通过印刷品进入眼睛

把四种不同的油墨相叠地印在白纸上后，由于油墨是有透明度的，大部分光线第一次会透过油墨射向纸张，而白纸的反光率是较高的，大部分光线经白纸反射后会第二次穿过油墨，然后射向眼睛，此时光线对油墨的透射就产生了色彩效果。

实际上这时我们就好像在看着多个重叠的有色玻璃一般，光线多穿过一层，亮度就降低一些，而颜色也会相互混合一次。

青、洋红、黄三色印墨的叠加情况：中心三色的叠加区为黑色。

减法混合的特点：越叠加越暗。

在软件中，青、洋红、黄、黑四个通道颜色每种各按百分率计算，100% 时为最深，0% 时最浅，而黑色和颜色混合几乎没有太大关系，它的存在大多是为了方便地调节颜色的明暗亮度（而且在印刷中，单黑的使用机会是很多的）。

与加法混合一样，三色数值相同时为无色彩的灰度色，如图 2 -5 -4 所示。

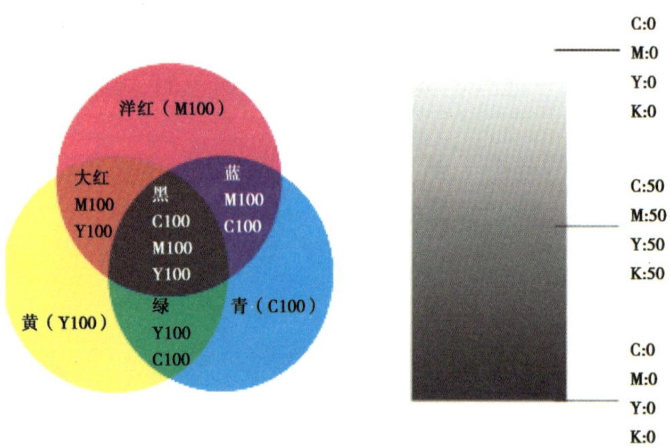

图 2 -5 -4　CMYK 模式中三色数值的不同组合呈现出的色彩

2.5.3　小结

（1）由于 Photoshop 的默认编辑方式是 RGB 模式，所以在导入素材后，尽量把 CMYK 模式的图片变为 RGB 模式，以免电脑运行速度受到影响。

（2）如果要使用很多滤镜进行特效的创作和制作，那么必须采用 RGB 模式，否则则有一部分滤镜无法使用。

（3）在输出图像时，特别是在四色印刷中，为了保持图像的最佳颜色效果，一定要将图片变为 CMYK 模式。

第3章

贴图的制作

在效果图的处理过程中，在为实物赋予材质的时候，除了可以利用软件本身的材质编辑器进行手动编辑之外，还有一种一劳永逸的方法，那就是为物体赋予贴图材质。当然，作为贴图的图片，首先就会想到现实生活中的图片，例如真实的草地、地板砖或是一些玻璃的图片等，但是由于受到应用对象多样性的影响，许多实景照片反而不能起到很好的作用，所以设计师在进行设计之前，除了要将形似生活实景的图片准备就绪之外，还要自己有针对性地制作很多材质贴图，这时 Photoshop 的强大滤镜功能便凸显出来。不仅在效果图前期会用到贴图，在效果图后期处理时，同样也会用到贴图。

3.1 金属板材质的制作

如图 3－1－1 所示为金属板材质举例。

图 3－1－1　金属板材质

新建任意画布，分辨率调整为 150，如图 3－1－2 所示。

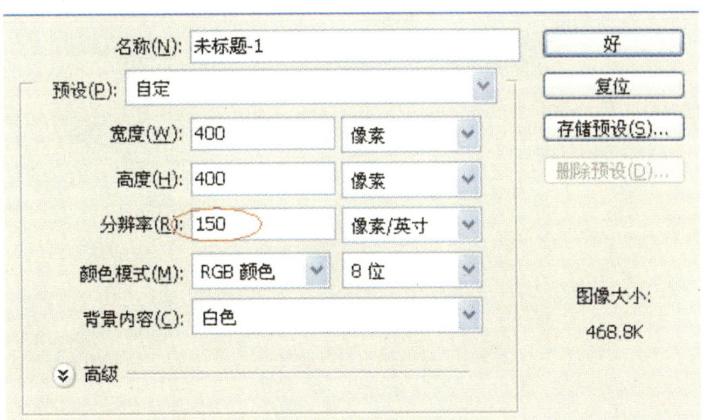

图 3－1－2　新建画布

在当前画布上利用制作选区，绘制任意矩形选取框，如图 3－1－3 所示。

图 3－1－3　绘制选取框

选中渐变工具，然后单击界面上方选项栏中的渐变选项，紧接着弹出如图 3－1－4 所示的对话面板。添加并调整滑块如图 3－1－4 所示。

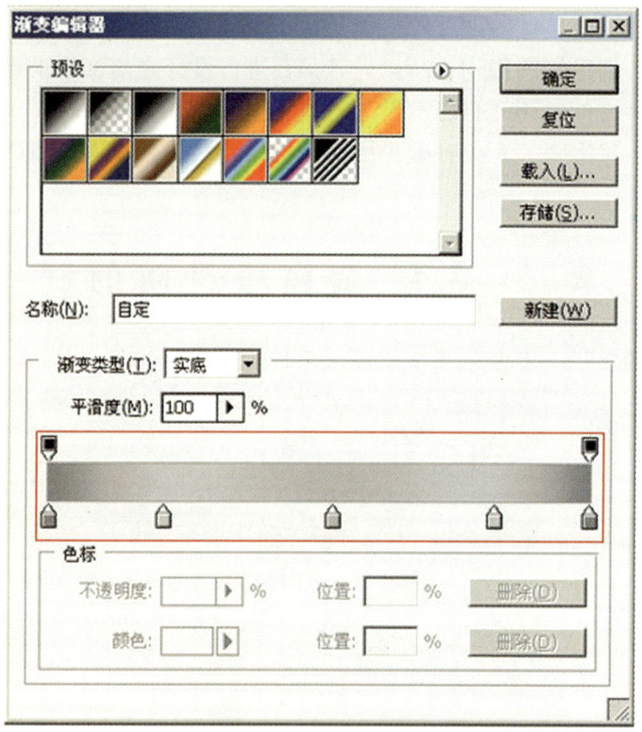

图 3－1－4　调出渐变工具面板进行色彩调整

将光标定位在选取框的左上角，然后按住鼠标左键拖动到选区的最右下方，松开鼠标即可。如图 3－1－5 所示。

图 3－1－5　填充颜色

选择滤镜菜单下的杂色/添加杂色命令，如图 3－1－6 所示。数值设置如图 3－1－7 所示。

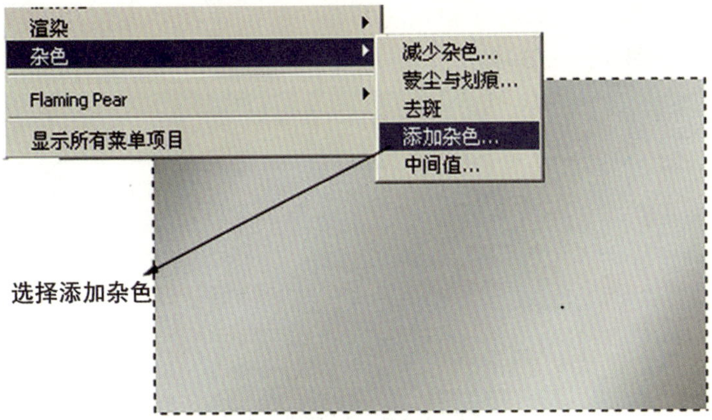

图 3－1－6　添加杂色

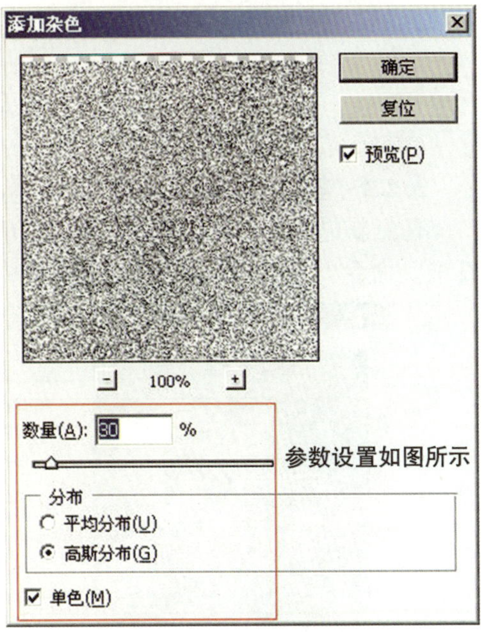

图 3－1－7　数值设置

单击“确定”后，紧接着选择滤镜菜单下的“模糊/动感模糊”命令，调出动感模糊对话框，设置如图 3－1－8 所示数值。单击确定。

单击工具栏中的裁切工具，然后按住鼠标左键，在需要保留的区域上拖动出选框，如图 3－1－9 所示。单击回车后，得到最终效果（图 3－1－10）。

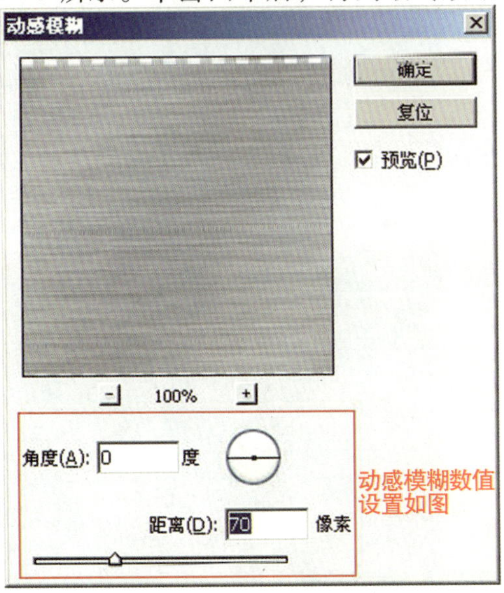

图 3－1－8　设置动感模糊

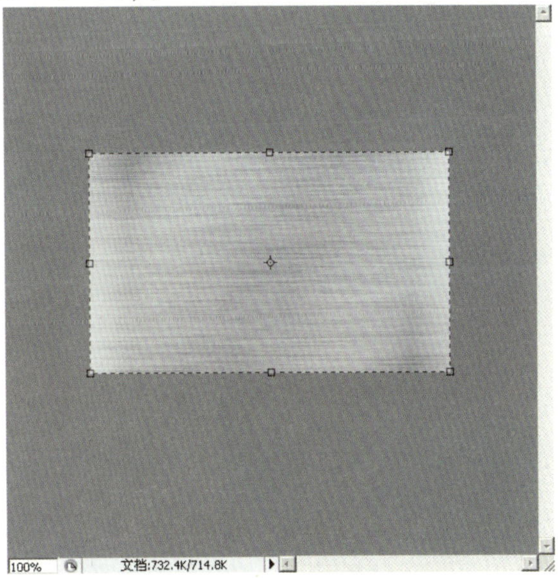

图 3－1－9　裁切

图 3－1－10　最终效果

此时，我们就可以直接按 Ctrl + S 键执行保存即可。

3.2　多种材质地面效果的制作

3.2.1　室外植草地面效果

任意新建画布，将其背景色和前景色分别调整为较深的绿和较浅的绿，然后选择“滤镜/渲染/纤维”命令，调出纤维对话框，如图 3 – 2 – 1、图 3 – 2 – 2 所示。

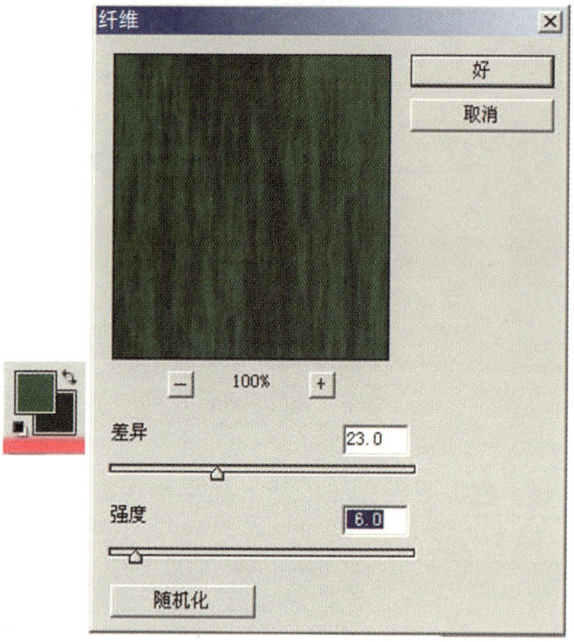

图 3 – 2 – 1　纤维对话框

图 3 – 2 – 2　使用纤维命令后的效果

选择滤镜菜单下的“风格化/风”命令，在弹出的对话框中，进行如图 3 – 2 – 3 所示设置。效果如图 3 – 2 – 4 所示。

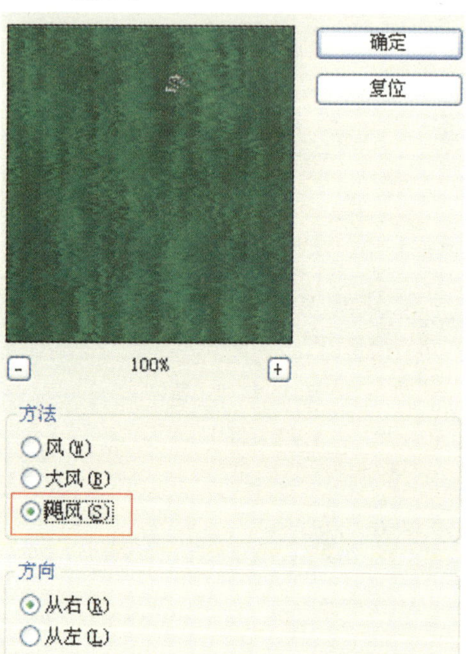

图 3 – 2 – 3　对“风”命令予以设置

图 3 – 2 – 4　“风”滤镜效果

注意：如果感觉纹理的效果还不是太明显，那么可以按一到两次 Ctrl + F 键，重复执行几次风的滤镜，直到满意为止。

执行“图像/旋转画布/90 度（顺时针）”命令，得到如图 3－2－5 所示的结果。

图 3－2－5　旋转画布后的效果

3.2.2　室内木板地面效果

新建任意画布，分辨率设置为 150，画布颜色为白色。

将前景色与背景色调整为接近木纹颜色的黄棕色，选择“滤镜/渲染/纤维”命令，数值参照图 3－2　6 设置，效果如图 3－2－7 所示。

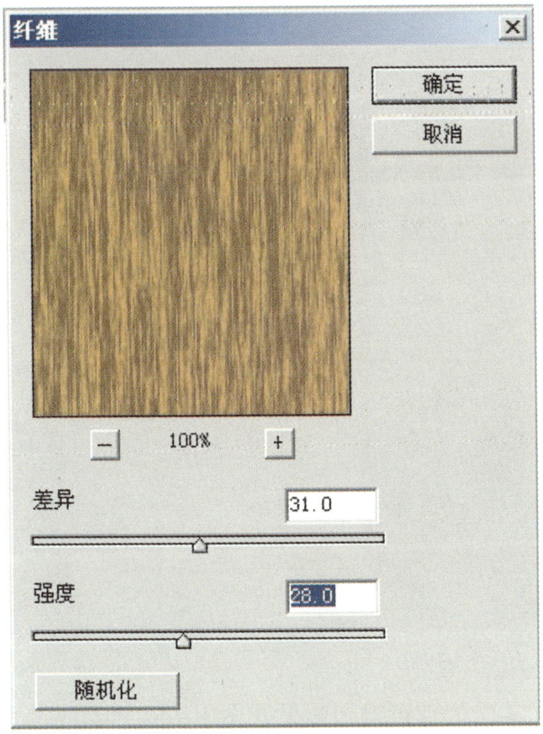

图 3－2－6　“纤维”对话框

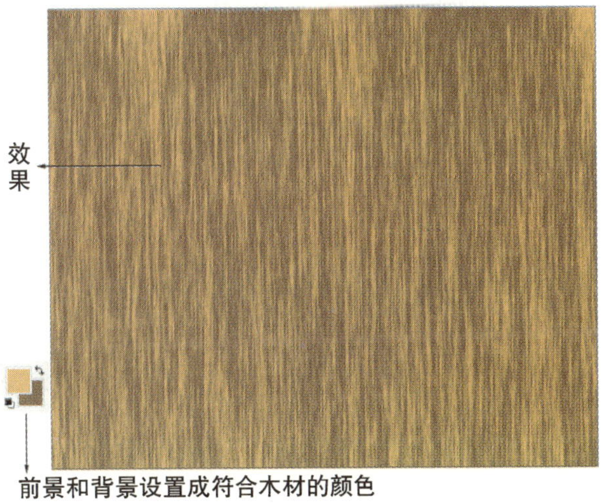

图 3－2－7　“纤维”效果

选择“滤镜/杂色/添加杂色”命令，在弹出的对话框中设置数值，如图 3－2－8 所示。

在上一步操作基础上，选择“滤镜/模糊/动感模糊”命令，数值设置如图 3－2－9 所示。

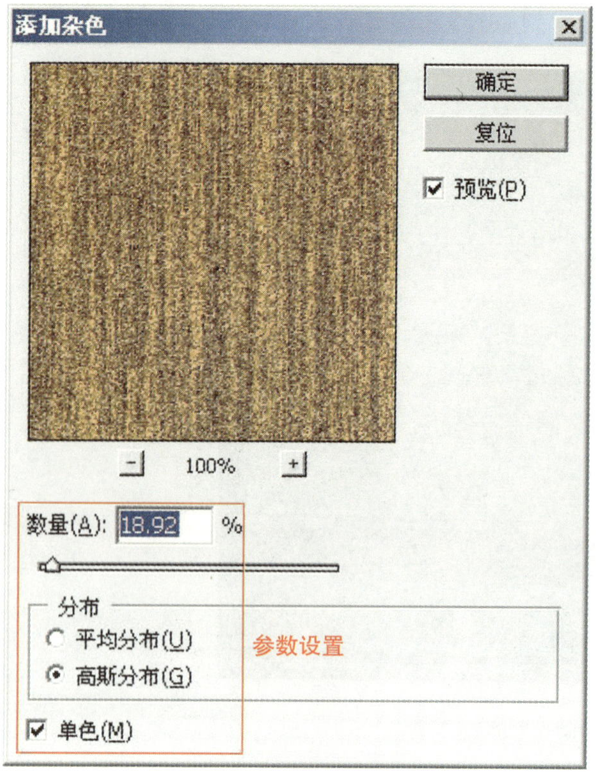

图 3-2-8　添加杂色

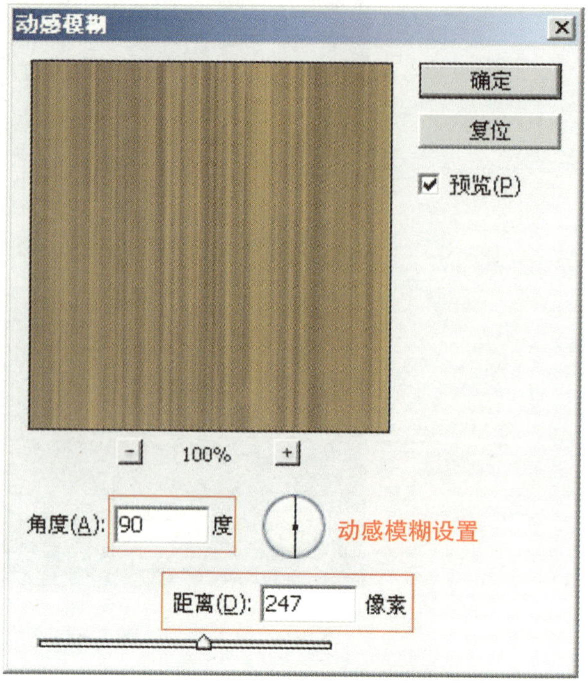

图 3-2-9　动感模糊设置

新建图层，后执行“滤镜/渲染/云彩”命令，得到云彩效果，若感觉效果不是太满意，还可多次按 Ctrl + F 键重复滤镜效果，直到满意为止。如图 3-2-10 所示。

图 3-2-10　滤镜“云彩”效果

最后，只需要选中上方图层，将混合模式更改为“柔光”即可得到效果（图 3-2-11）。

3.2.3　大理石地面效果

新建任意画布，背景为白色，分辨率为 150。按 D 键，将前景色和背景色定义为默认黑白两色。执行“滤镜/渲染/分层云彩”命令。如图 3-2-12 所示。

连续执行几次 Ctrl + F 键，得到如图 3-2-13 所示的效果。

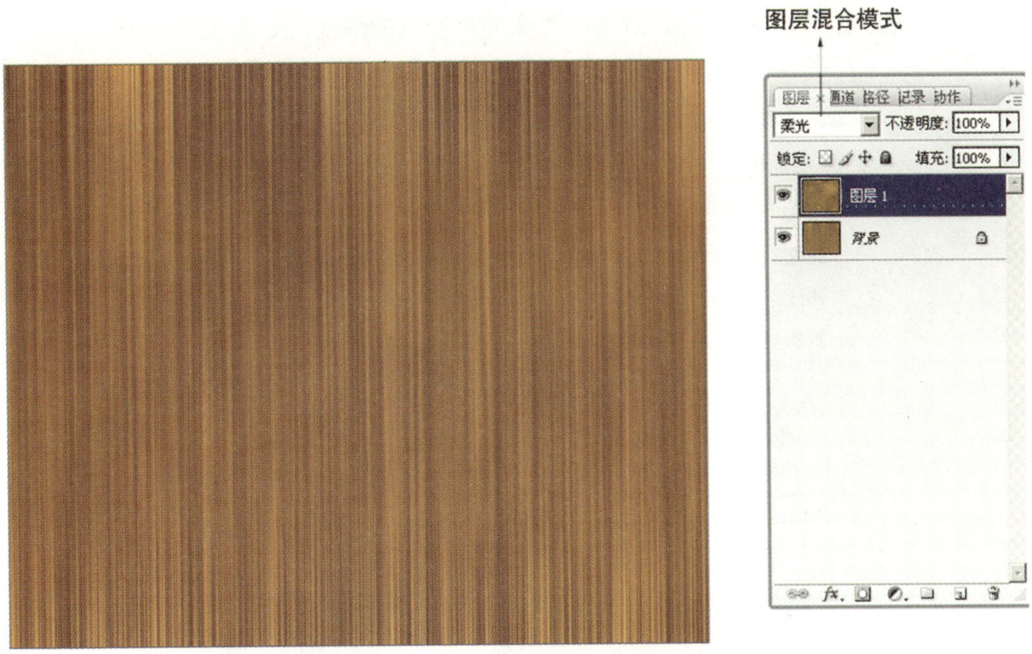

图 3－2－11　运用“柔光”后的效果

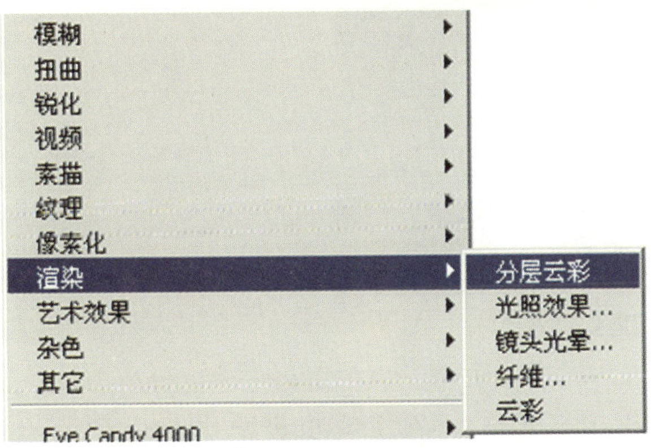

图 3－2－12　选择渲染命令中的分层云彩

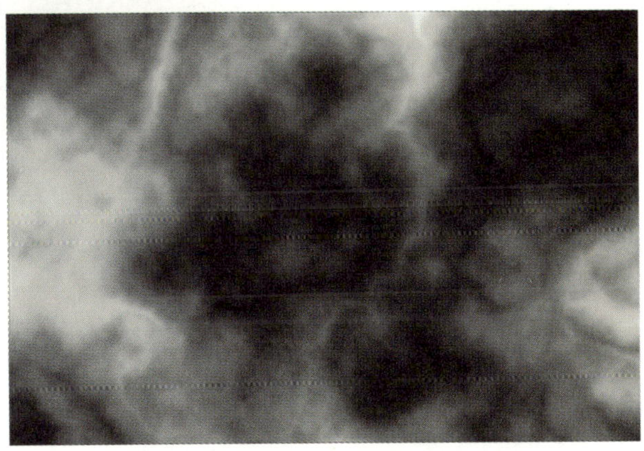

图 3－2－13　运用“分层云彩”后的效果

按键盘上的 Ctrl＋L 键或是执行“图像/调整/色阶”命令，调出色阶设置对话框，数值设置和效果如图 3－2－14、图 3－2－15 所示。

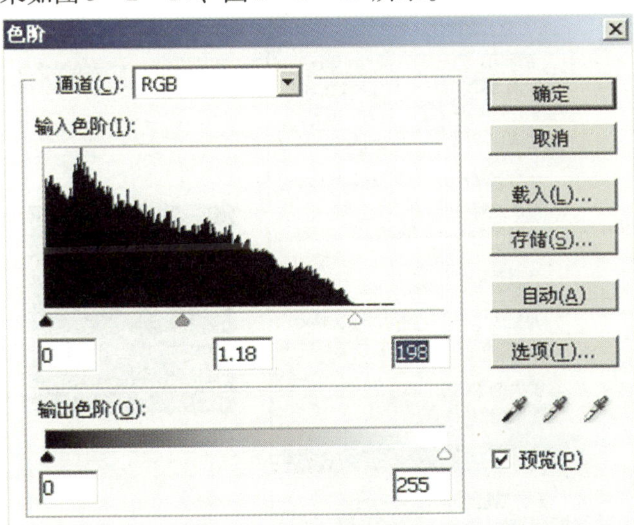

图 3－2－14　色阶面板

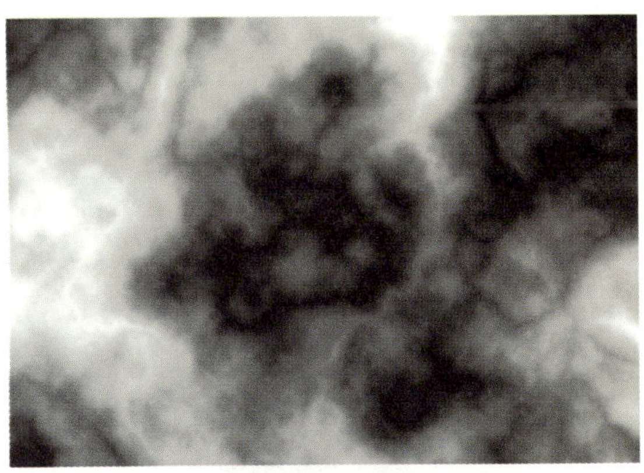

图 3－2－15　色阶设置后的效果

调出色彩平衡面板（Ctrl + B 键），对当前图像进行颜色的调整，如图 3 – 2 – 16 所示。调出的最终效果图如图 3 – 2 – 17 所示。

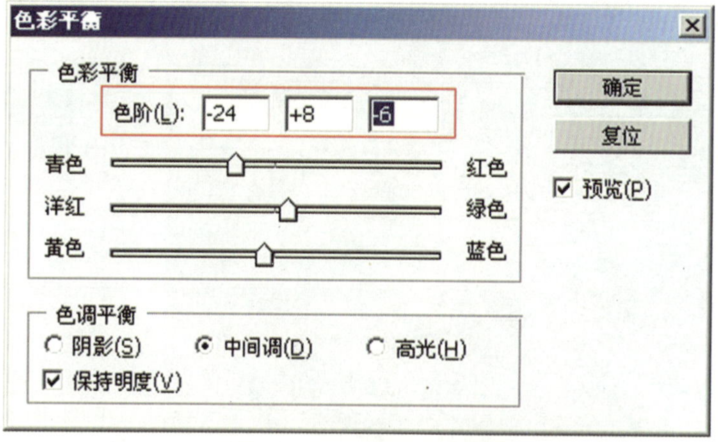

图 3 – 2 – 16　色彩平衡面板

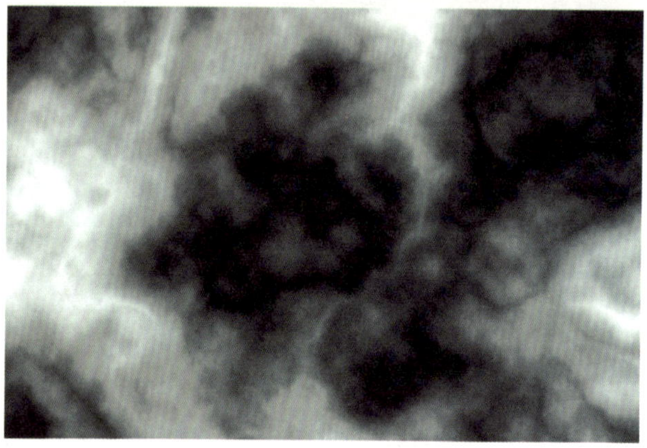

图 3 – 2 – 17　调整后最终效果

3.2.4　石砖地面效果

任意建立白色画布，选择矩形选取框工具，并且按住 Shift 键拖动鼠标绘制出正方形选区，然后，在英文输入法状态下，按 D 键（确保前景色和背景色为默认的黑色和白色），按键盘上的 Alt + Del 键，将选区填充为黑色，如图 3 – 2 – 18 所示。

在没有取消选区的情况下，找到“选择/变换选区”，如图 3 – 2 – 19 所示。

图 3 – 2 – 18　绘制正方形选区并填充黑色

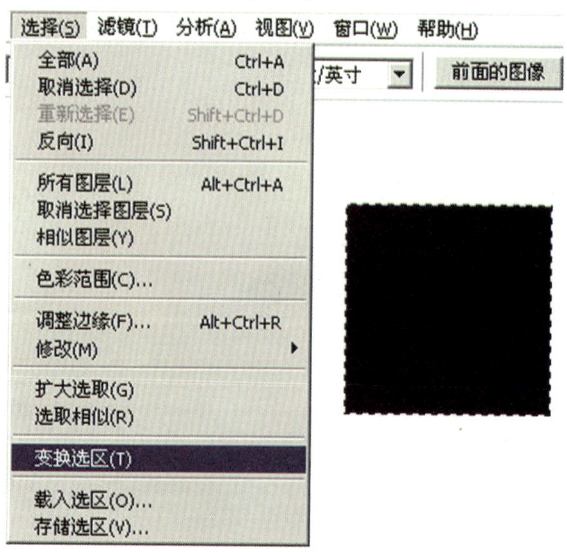

图 3 – 2 – 19　变换选区菜单

在出现四周的控制手柄后将鼠标放在一个边角上，然后按住 Alt + Shift 键进行向内部的拖动，实现选区的收缩，到合适处，单击回车键，确定操作；然后，按键盘上的 Ctrl + Delete 键进行背景颜色的填充。如图 3 –2 –20 所示。

按键盘上的 Ctrl + D 键，取消选区。

此时，选择工具，重新绘制和当前图形同样的选区；然后，选择“编辑/定义图案”，弹出图案名称对话框，输入名称，单击“确定”。操作效果如图 3 –2 –21 所示。

图 3 –2 –20　缩小选区并填充为白色

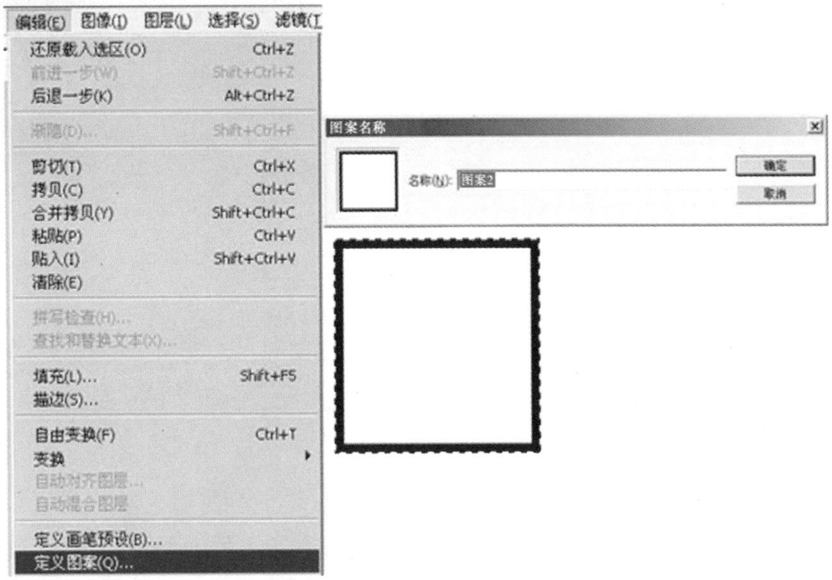

图 3 –2 –21　重新载入选区，找到定义图案命令，单击确定

定义完图案后，要将选区内部重新填充为白色。

注意：定义图案时必须要注意，选区必须是矩形，不得是其他的任意形状。

单击按钮，新建图层，然后按键盘的 Alt + Dcl 键，填充黑色（图 3 –2 –22）。

图 3 –2 –22　新建图层，填充黑色

单击层面板上的新建蒙版按钮，建立一个白色蒙版。如图 3 –2 –23 所示。

图 3-2-23　新建蒙版

将鼠标放置在图章工具上方，按住鼠标左键，在弹出的工具选项中选择图案图章工具；在上方的选项栏中单击三角符号，选择刚才定义的图形，在蒙版上进行绘制，这样，便得到了白线黑格方式的图形，所有参数效果如图 3-2-24 所示。

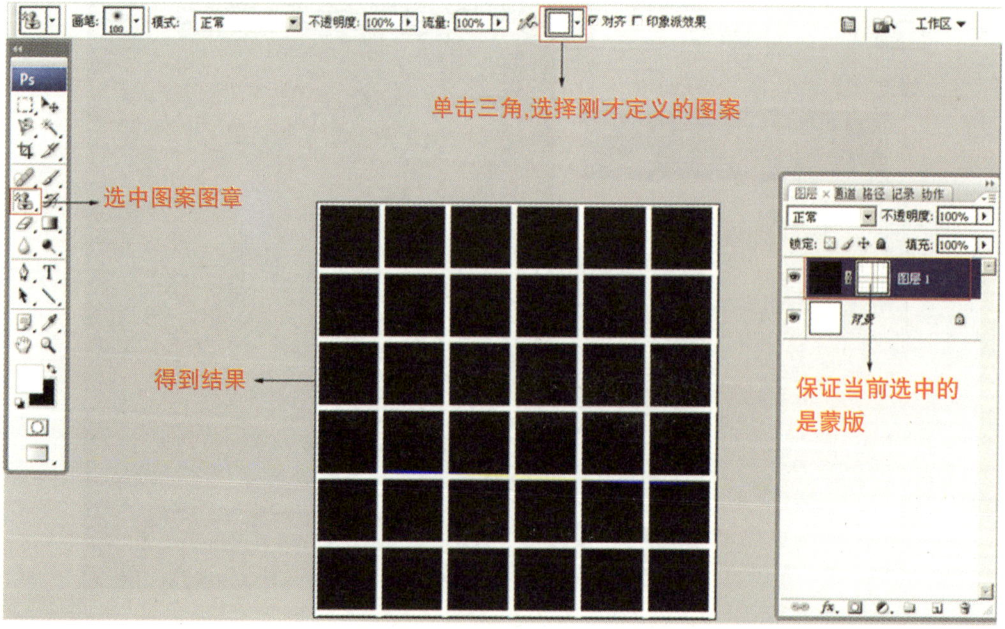

图 3-2-24　运用图章在蒙版上绘制图形

选中图层 1，选择“滤镜/风格化/浮雕效果” 命令。如图 3－2－25 所示。

数值输入如图 3－2－26 所示。

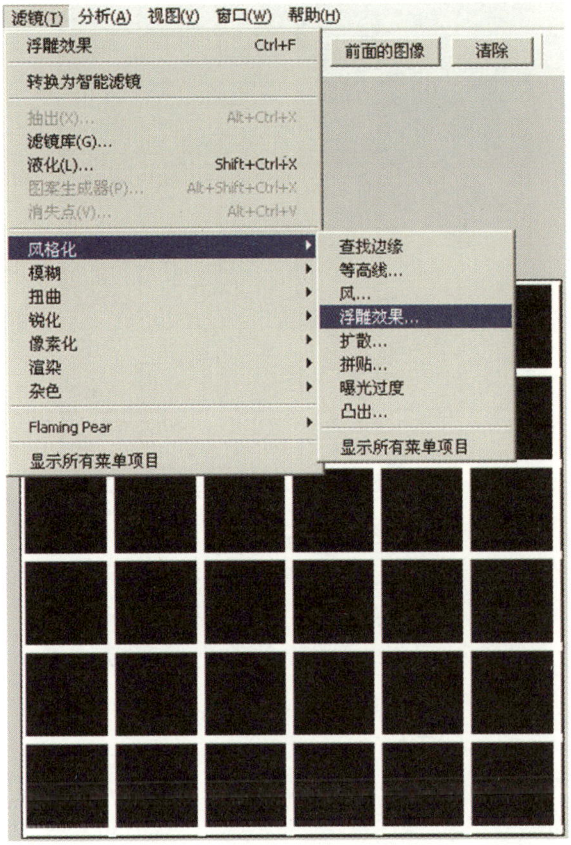

图 3－2－25 运用浮雕效果

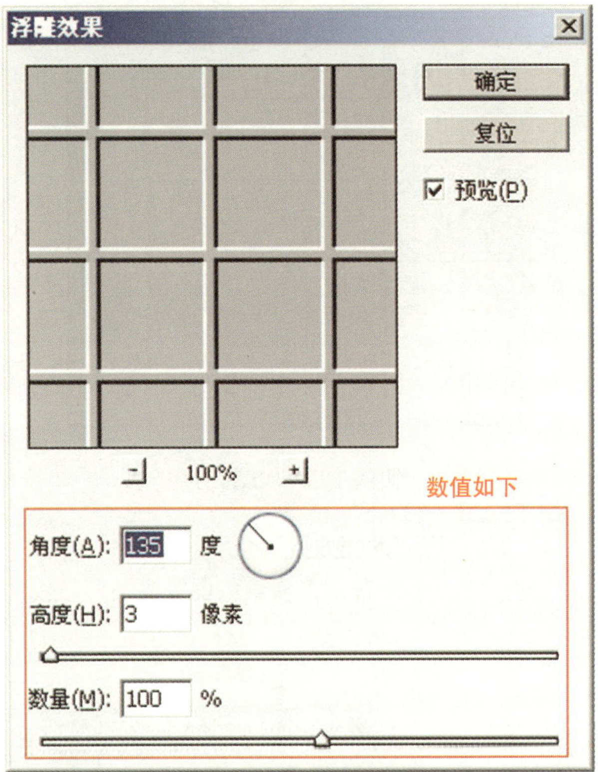

图 3－2－26 输入数值

从缩略图中可以看到当前的效果。

如果觉得这样还不够好，可以进行如下操作：

选择蒙版后，按键盘上的 Ctrl＋I 键（反相），得到如图 3－2－27 所示的效果。

图 3－2－27 反相效果

根据家装需要，我们还可以利用“色彩平衡”或“色相/饱和度”等工具进行颜色的调整，如图 3－2－28、图 3－2－29 所示。

图 3－2－28　土黄色

图 3－2－29　蓝色

3.2.5　瓷砖地面效果

建立正方形画布，将前景色设置成一种较浅的灰色（图 3－2－30），将整个画布进行填充。

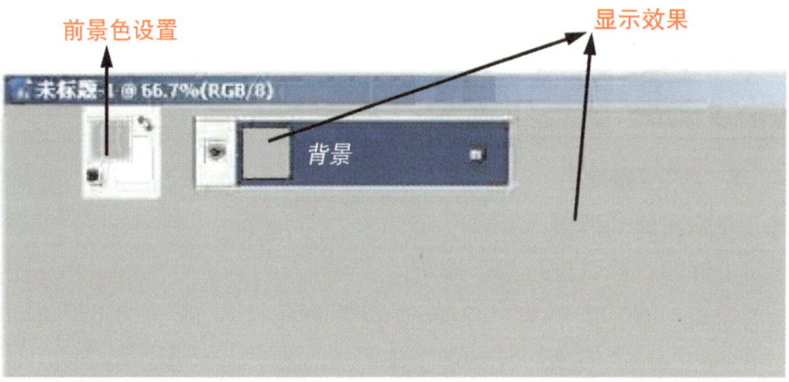

图 3－2－30　设置画布

选择“滤镜/纹理/拼缀图”命令，弹出如图 3－2－31 所示菜单。

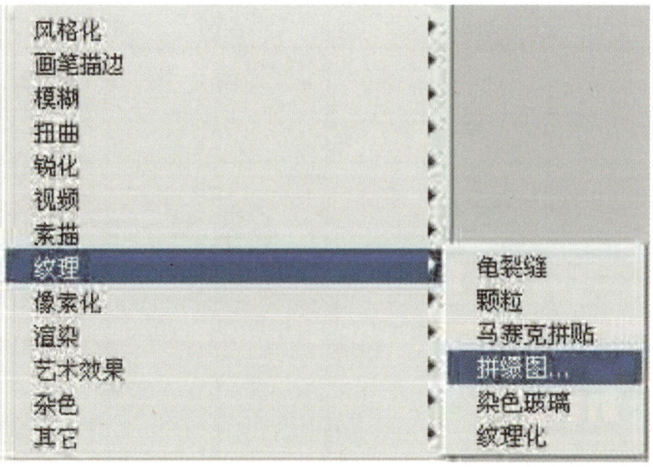

图 3－2－31　选择纹理菜单中的拼缀图命令

相关数值的设置及效果图如图 3－2－32 所示。

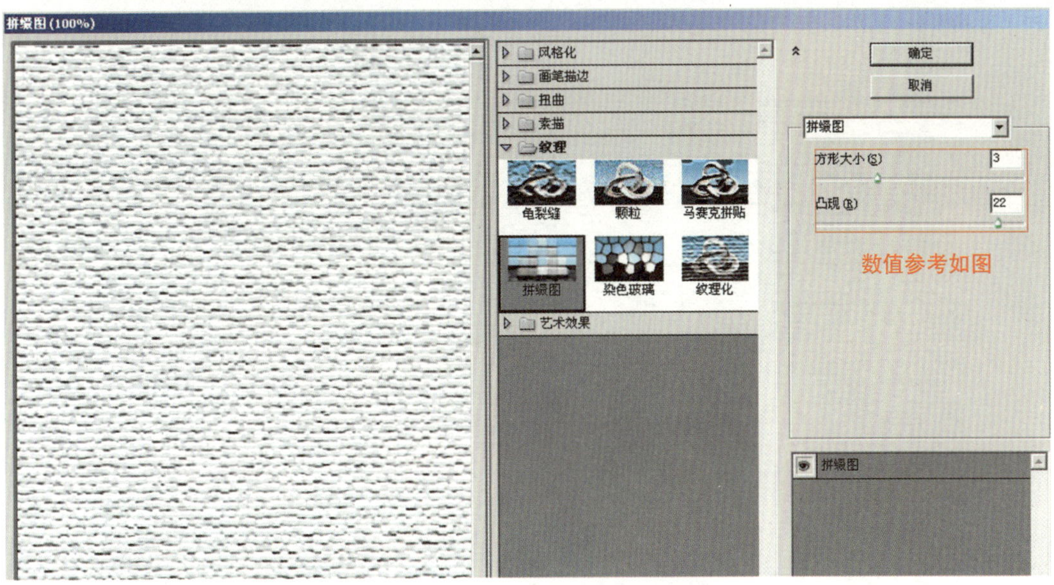

图 3－2－32　运用“拼缀”后效果

按键盘上的 Ctrl＋L 键调出色阶面板，调整数值，使得图片的对比度更加明显。如图 3－2－33 所示。

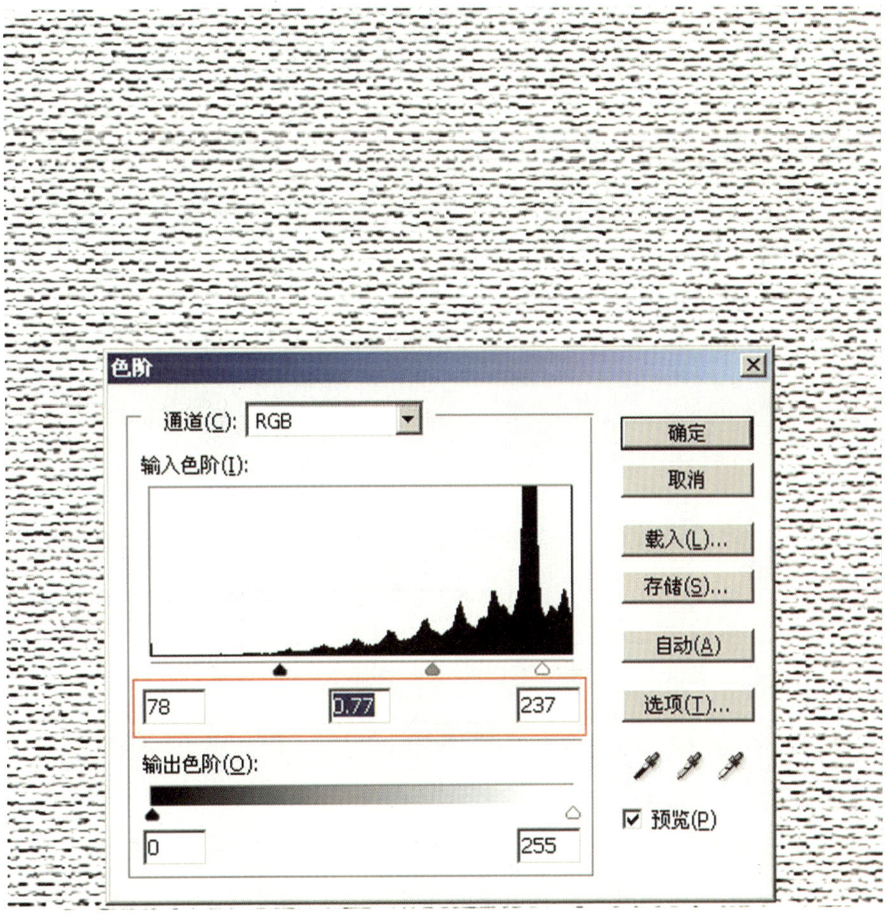

图 3－2－33　使用色阶命令后的效果

按键盘上的 Ctrl＋R 键，调出标尺工具，将鼠标放置在上方的标尺上，按住鼠标左键向下拖动，拖出一条辅助线，将辅助线放到 1/2 处；依照同样的方法，在垂直方向上拖动出一条 1/2 的辅助线，效果如图 3－2－34 所示。

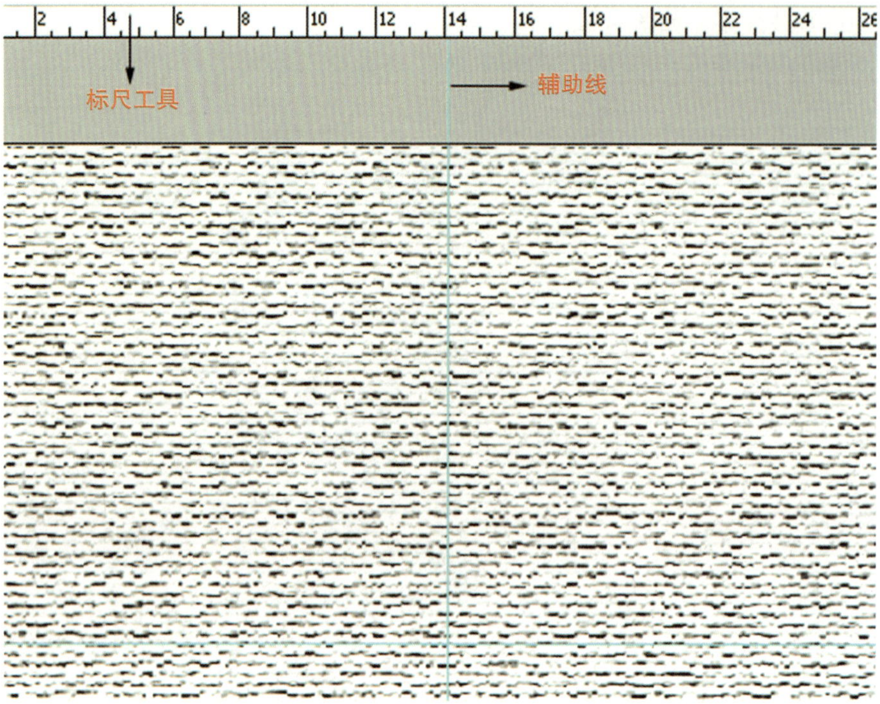

图 3－2－34　设定辅助线

新建图层，选择钢笔工具，按照辅助线的方向绘制两条直线，绘制后，如没有关闭是无法结束编辑的，所以，利用 Esc 键退出即可；在窗口面板中调出路径面板，效果如图 3－2－35 所示。

此时，将前景色调整为较深的灰色。

选中画笔工具，在选项板中找到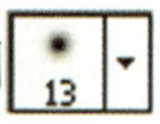，单击三角符号，在弹出的选项中调整如图 3－2－36 所示。

图 3－2－35　设置路径

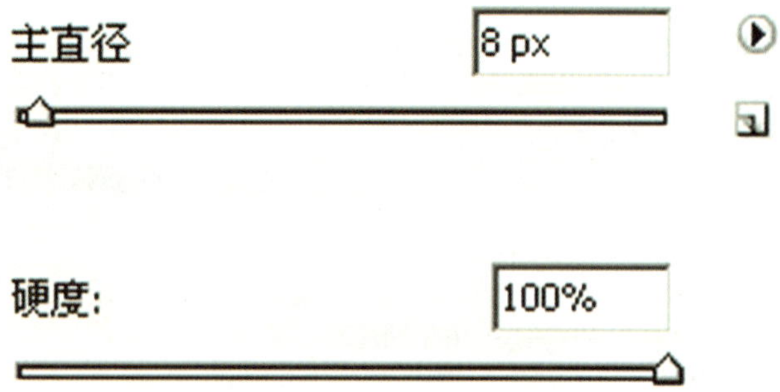

图 3－2－36　画笔设置

注意：这是对当前画笔进行调节，快速调节的方式是选中画笔工具，按键盘上的“［”调小画笔，“］”调大画笔；按住 Shift 键加上“［”是调小硬度，反之则是调大硬度。

此时我们将目光放回路径面板，单击路径面板下方的“用画笔描边路径按钮”，如图 3－2－37 所示。

图 3－2－37　画笔描边路径按钮

单击后的效果如图 3－2－38 所示。

图 3－2－38　画笔描边路径运用效果

此时，我们可以按键盘上的 Ctrl＋Enter 键，将现有的路径转换为选区，再按 Ctrl＋D 键将选区取消，以达到删除路径的效果。

注意：此时的路径并没有真正被删除，如果您想再次使用路径，只需要切换到路径面板，单击面板上的工作路径即可再次使用路径了。

双击最上方图层，弹出图层样式面板，我们现在要对刚刚制作的砖缝隙进行调整，调整数据如图 3－2－39 所示。最终效果如图 3－2－40 所示。

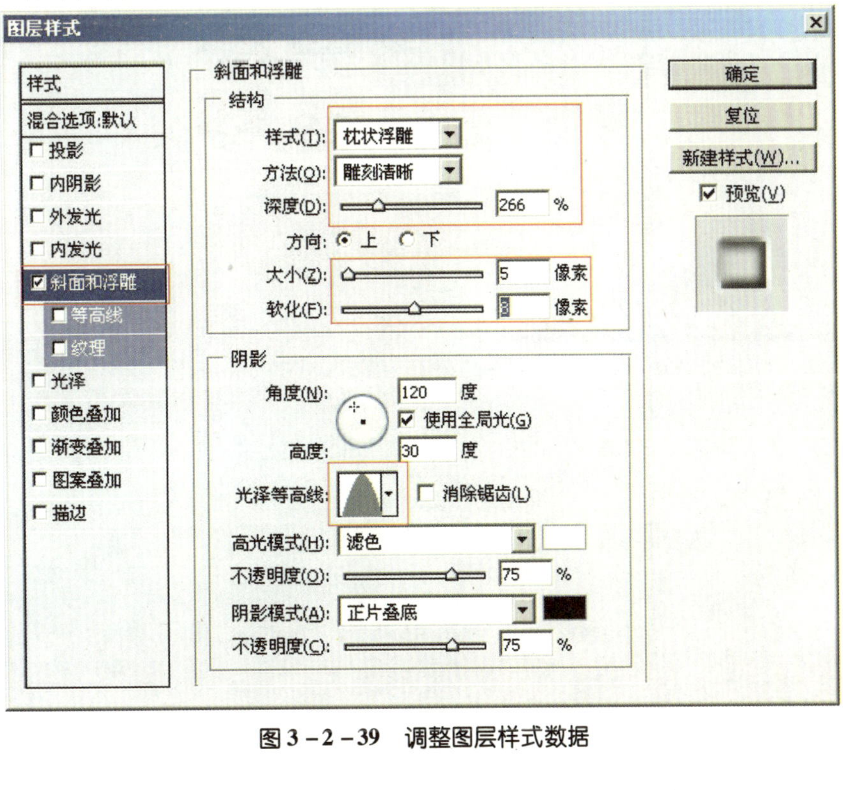

图 3－2－39　调整图层样式数据

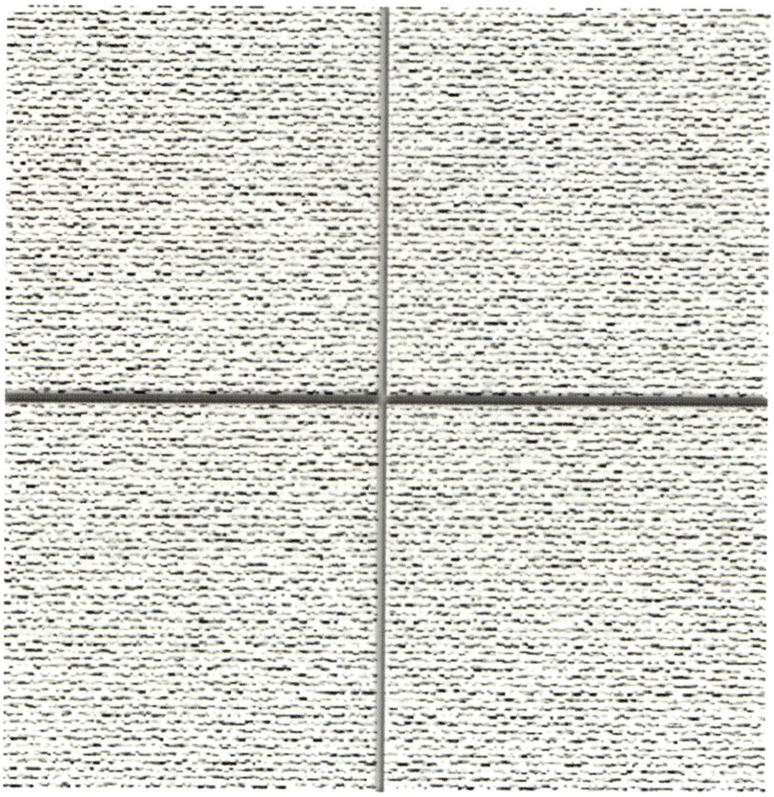

图 3－2－40　调整后的效果

下面为砖缝隙添加一些细节。选择砖缝隙图层，然后选择“滤镜/纹理/龟裂纹”命令，数值设置如图 3－2－41 所示。最终效果如图 3－2－42 所示。

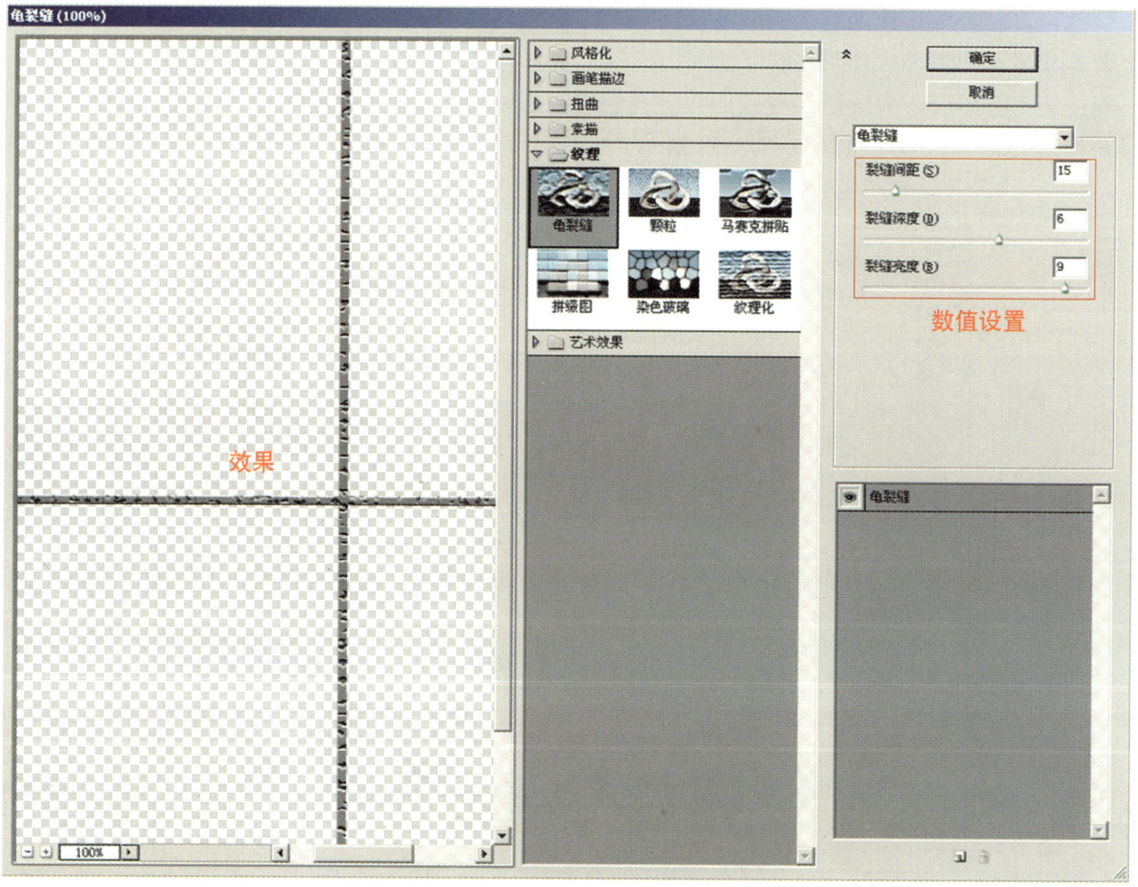

图 3－2－41　运用龟裂纹命令

图 3-2-42　调整后的效果

3.2.6　水磨石地面效果

首先，新建文档，背景为白色，分辨率为150。设置前景色为一种较深的灰色，如图3-2-43所示，单击“确定”。

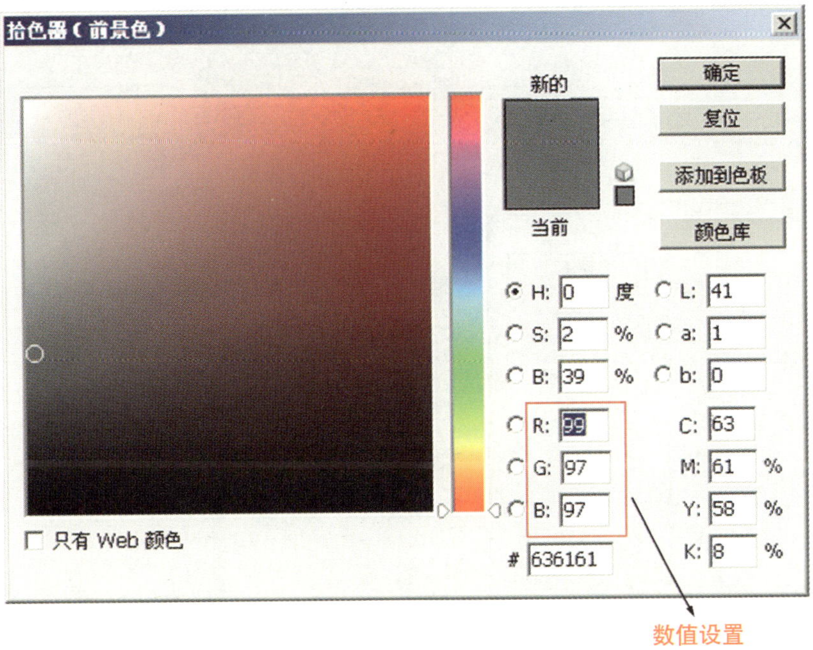

图 3-2-43　画布前景色设置

选择“滤镜/纹理/颗粒”命令，绘制出图3-2-44杂点的效果。

注意：如果感觉颜色不够清晰，可以执行“图像/调整/自动色阶”命令，以达到更好的效果。

选择“滤镜/扭曲/玻璃”命令，数值设置如图3-2-45所示。

选择“滤镜/扭曲/波纹”命令，设置如图 3－2－46 所示。

按键盘上的 Ctrl＋M 键，调出曲线面板，将图像颜色调节得稍深一些，效果如图 3－2－47 所示。

剪裁掉多余部分，最终效果图如图 3－2－48 所示。

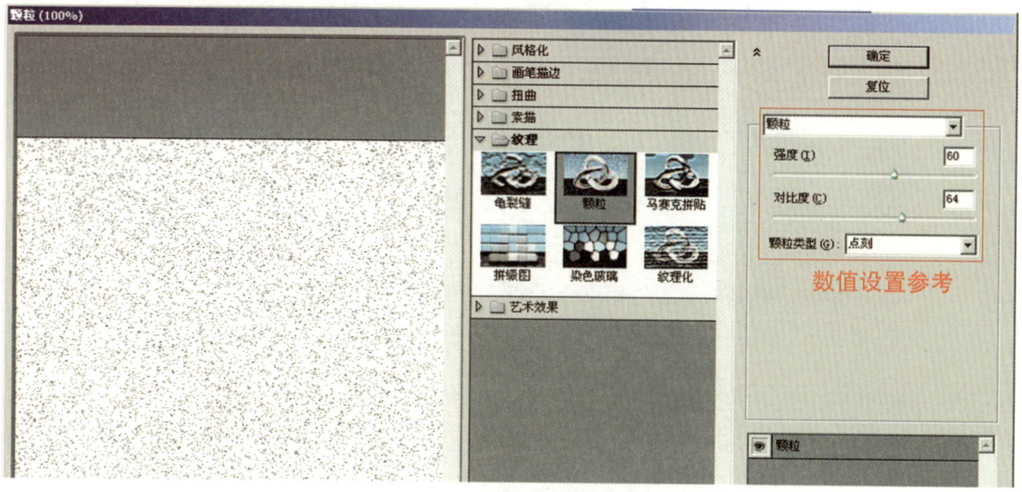

图 3－2－44　运用滤镜颗粒效果

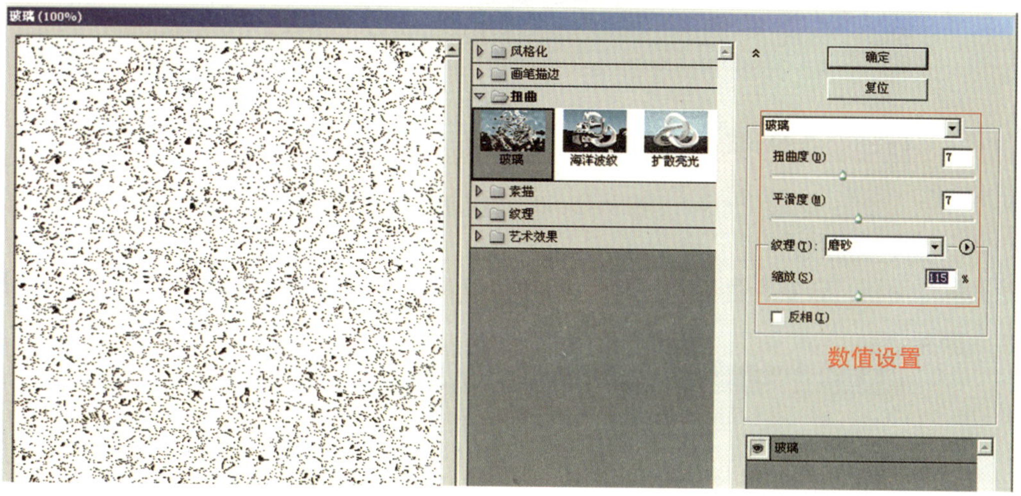

图 3－2－45　运用滤镜玻璃效果

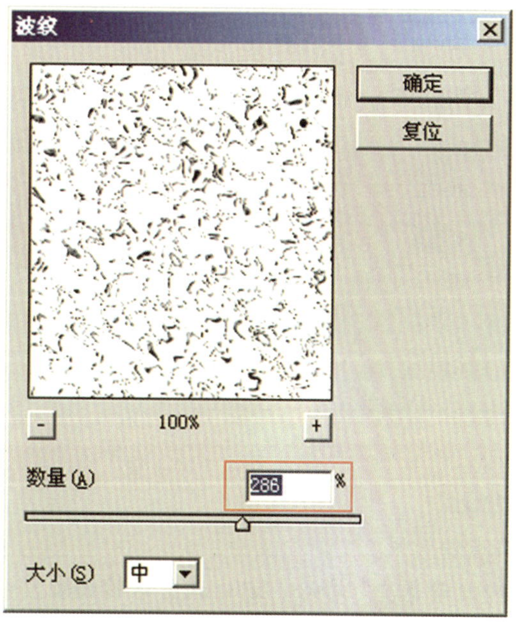

图 3－2－46　运用滤镜波纹效果

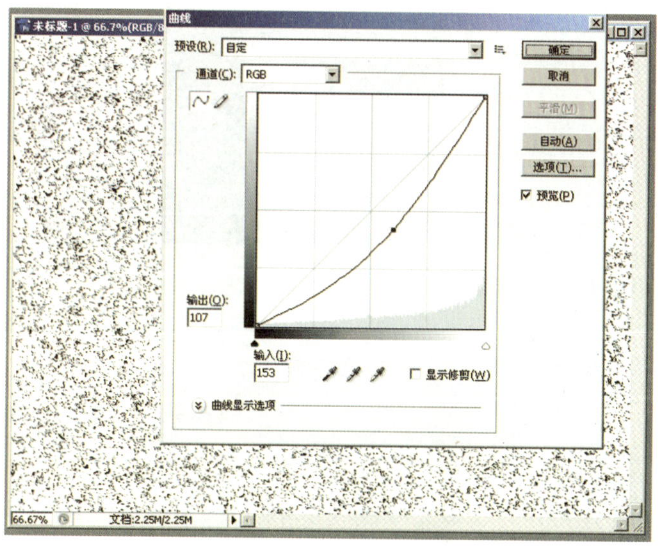

图 3－2－47　运用曲线面板

图 3-2-48　最终效果

图 3-2-49　打开图片

3.2.7　马赛克拼图效果

运行 Photoshop CS3，在软件的界面中双击最大的灰色区域部分，弹出打开文件对话框，打开任意一幅图片，如图 3-2-49 所示。

选择背景图层，按住鼠标左键然后将图层拖动到按钮上，得到图层的副本。如图 3-2-50、图 3-2-51 所示。

图 3-2-50　建立图层副本过程

图 3-2-51　图层效果

注意：可以在选择图层后按 Ctrl + J 键，进行复制图层。

选中图层副本，选择“滤镜/模糊/特殊模糊”命令，参数设置如图 3-2-52 所示。

选择“滤镜/像素化/马赛克”命令，设置参数如图 3-2-53 所示。

将图层的混合模式调整为叠加模式。如图 3-2-54 所示。

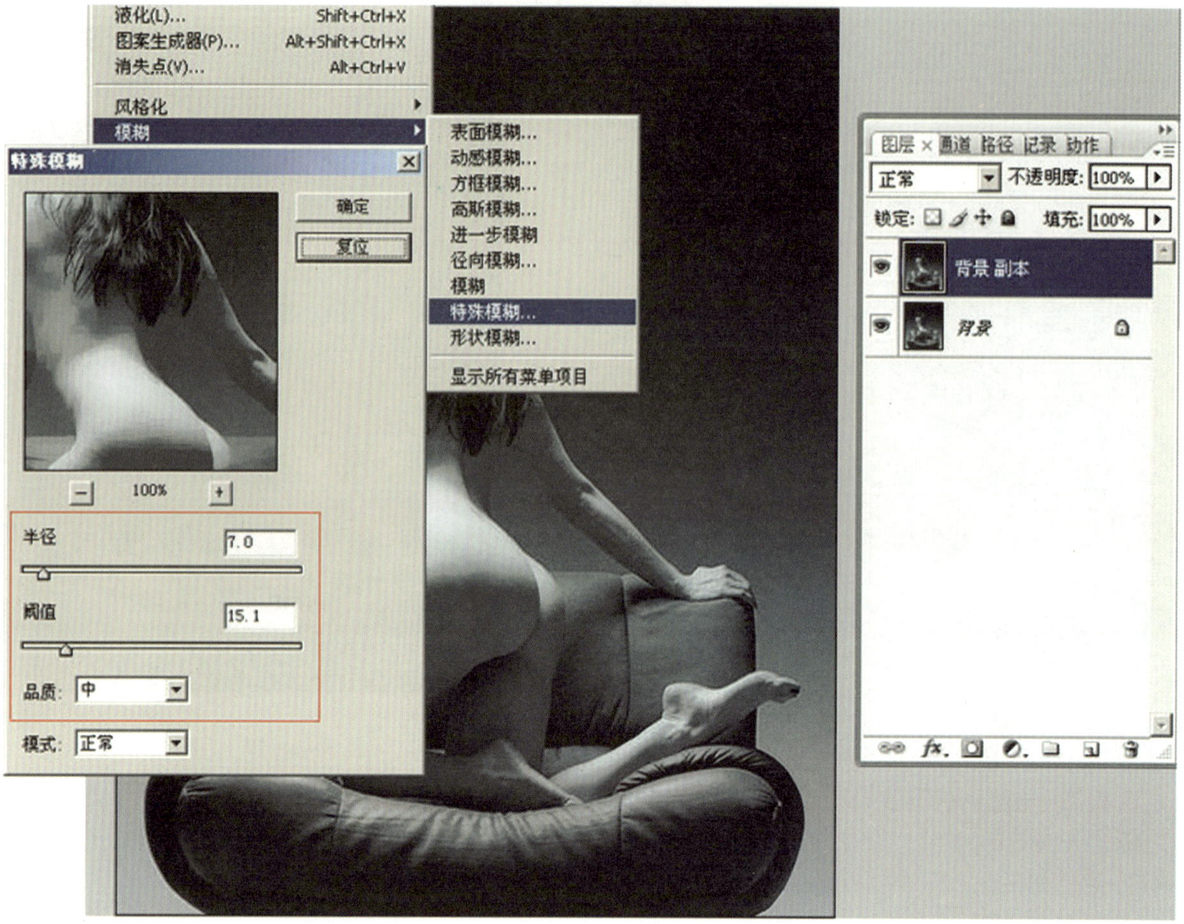

图 3－2－52　运用滤镜特殊模糊命令

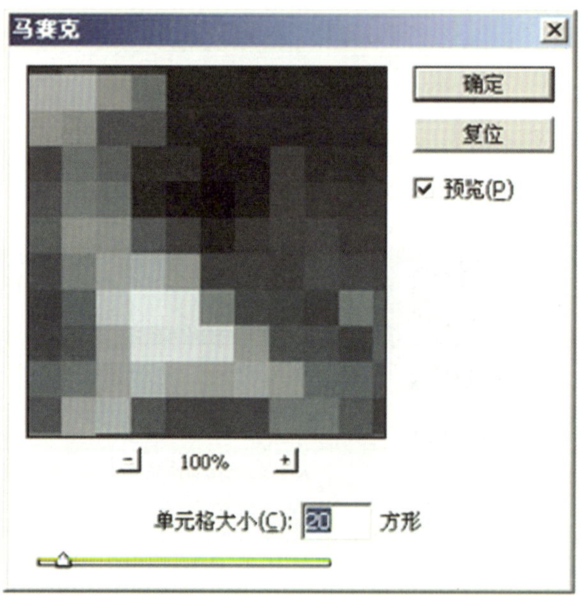

图 3－2－53　运用滤镜马赛克命令

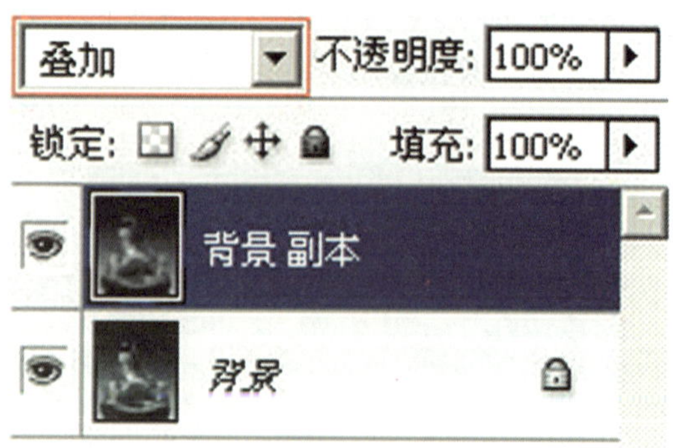

图 3－2－54　将图层混合模式改为叠加

整个效果如图 3－2－55 所示。

有些朋友会感觉图像可能有些不够清楚，这是因为之前执行的特殊模糊的原因，所以为了缓解一下这种效果，可以执行“滤镜/锐化/USM 锐化”命令，参数设置如图 3－2－56 所示。

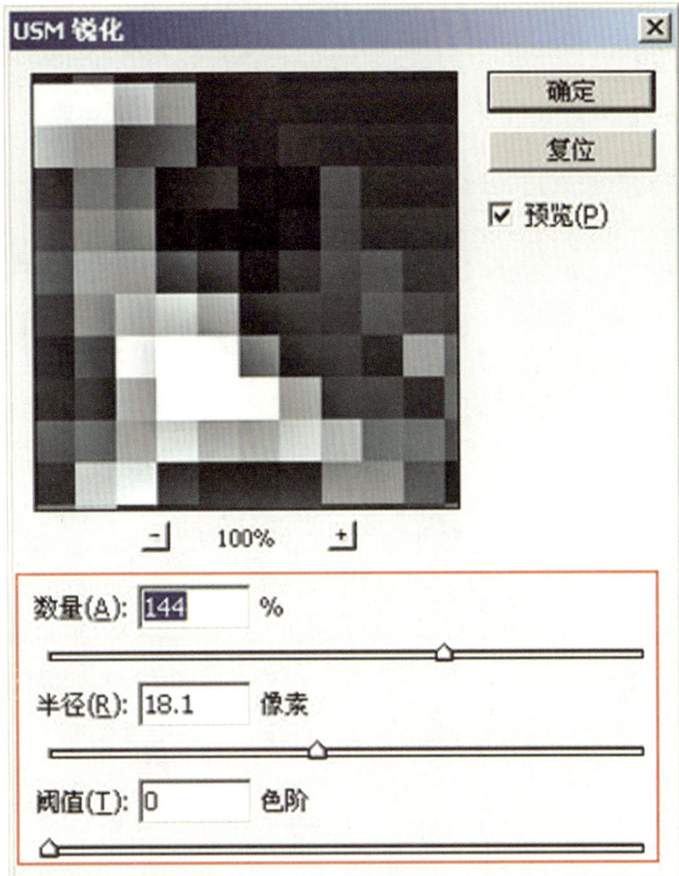

图 3-2-55　最终效果　　　　图 3-2-56　利用 USM 锐化后得出的效果

注意：利用同样的方法可以对其他例如风景图片进行同样的处理，如图 3-2-57 所示。

图 3-2-57　马赛克风景案例

第4章

室内效果图后期处理

这里所说的室内效果图指的是所有的室内空间，包括家装效果图设计、公装效果图设计等等。

室内效果图在进行处理的时候，最主要的宗旨就是创造良好的空间环境；最主要目的是反应出人们在室内空间中可进行的生产、生活、工作以及休息的场景；最应该遵循的原则是空间布局的合理化、科学化和舒适化。

现代室内设计涉及到很多方面，包括前面提到的原则性问题，再者就是要技术的支持。在室内效果图后期处理中，技术的核心主要体现在：室内空间组织鲜明、灯光色彩合理化搭配、配景设计以及选用。

在进行效果图的前期制作中，都会采用3D Max等软件进行建模、赋材质和渲染输出，可是，在前面的介绍中我们已经说过，3D Max的材质和灯光是一项较困难的工作，特别是灯光和颜色的表现，经常会出现偏差，另外，配景的添加也是很麻烦的问题，所以，前期我们会进行建模赋材质和打灯光，而后期我们会转到Photoshop中进行色彩调整、配景添加的各种操作。

下面将通过几个实例对室内效果图的处理流程予以详细讲解。

4.1 效果图的输出

这是前期制作和后期处理的一个过渡环节，也是十分重要的步骤。

首先，找到已经制作好的效果图，如图4－1－1所示。

图4－1－1 效果图局部

将透视图最大化，然后将模型调整到合适位置（这就是将来效果图的输出角度）；选择“渲染/打印大小向导”命令，如图 4 -1 -2 所示。

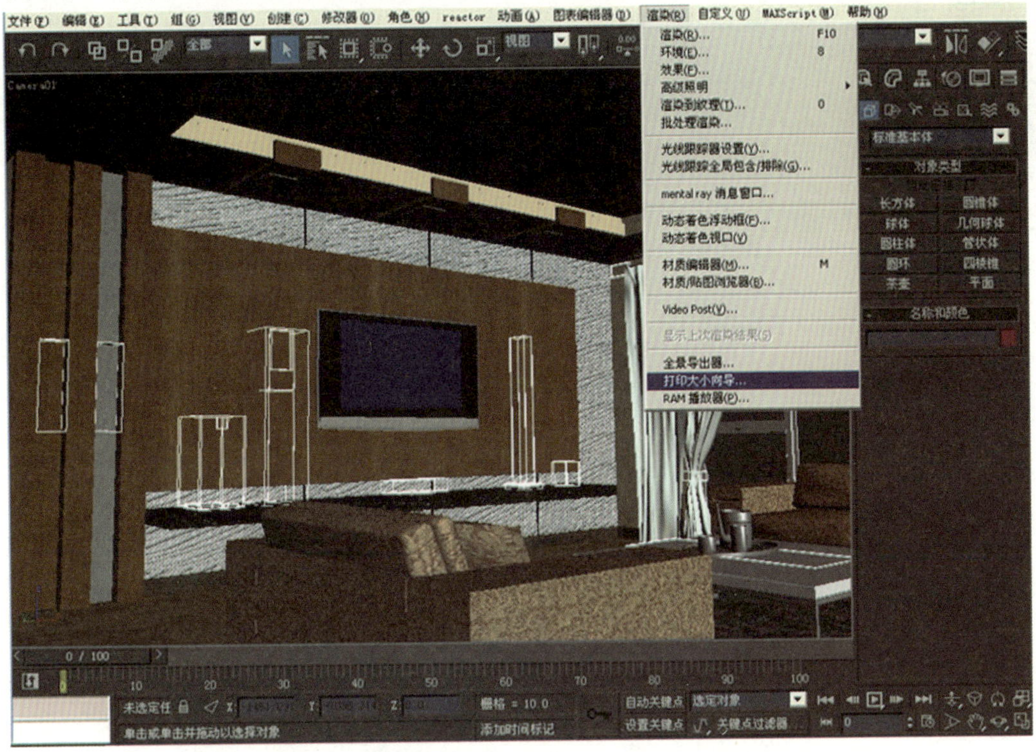

图 4 -1 -2　选择合适位置，然后执行“渲染/打印大小向导”

弹出设置对话框，参数设置如图 4 -1 -3 所示。

单击渲染场景对话框，进入下面的设置。

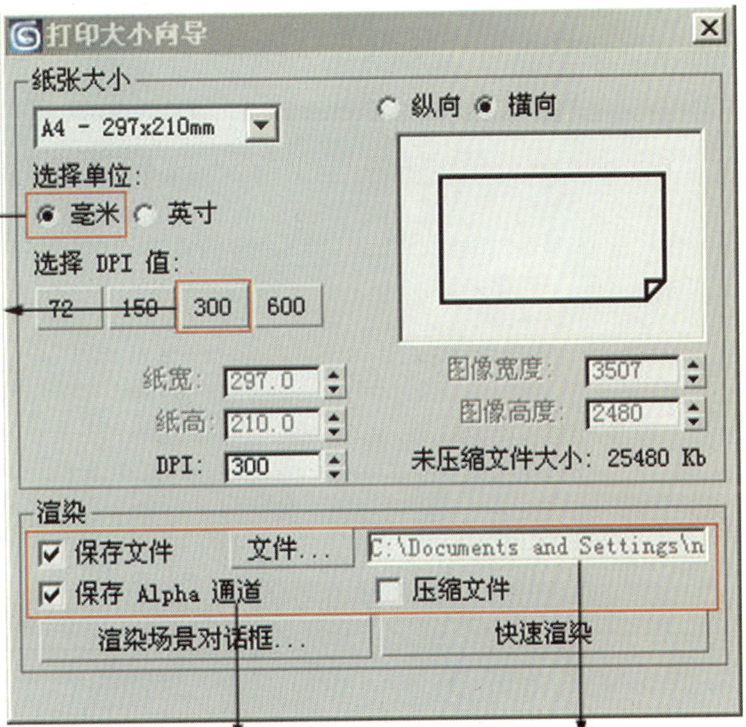

图 4 -1 -3　设置参数

在弹出的渲染场景对话框进行如图 4 -1 -4 所示的参数设置。

注意：在选择文件类型的时候，多数情况是选择 tga 格式，如图 4 -1 -5 所示。

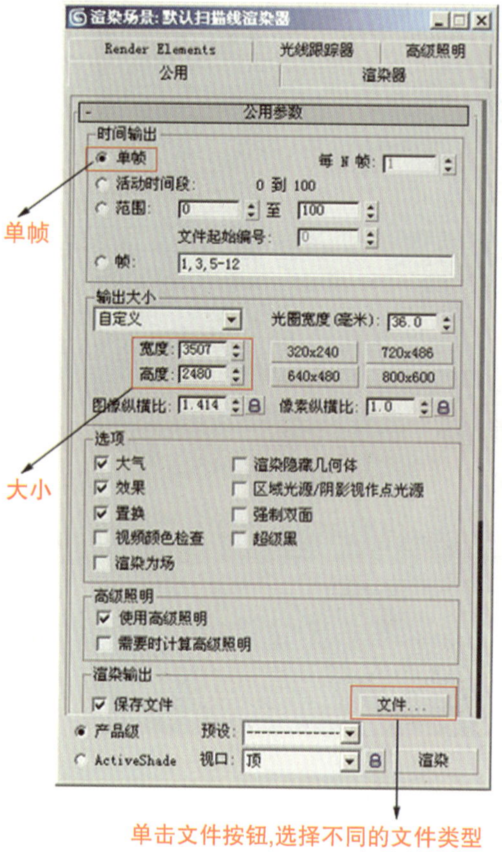

图 4 -1 -4 设置渲染场景参数

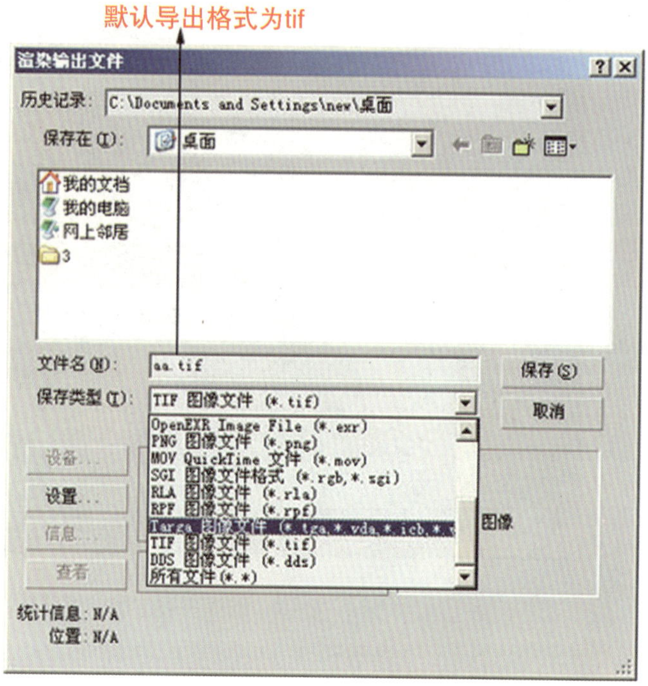

图 4 -1 -5 选择 tga 格式

最后，单击对话框下方的 渲染 按钮，等待一定时间后就会生成如图 4 -1 -6 所示文件。

图 4 -1 -6 渲染生成文件

注意：图像渲染的快慢和机器的配置以及图像的复杂程度有很直接的联系。

4.2 客厅的后期处理

前面我们了解了模型输出的全过程，现在就利用已经导出的模型进行后期处理。图 4－2－1 是输出的图像在 Photoshop 中打开后的效果。

图 4－2－1　在 Photoshop 中打开导出的模型

4.2.1　添加窗外背景

在导出的图片中，很明显发现窗外没有背景效果，所以我们需要对窗外添加背景。主要用到的工具是：通道、色阶、钢笔、消失点工具等。

在打开的图片中，选择通道面板，如图 4－2－2 所示。

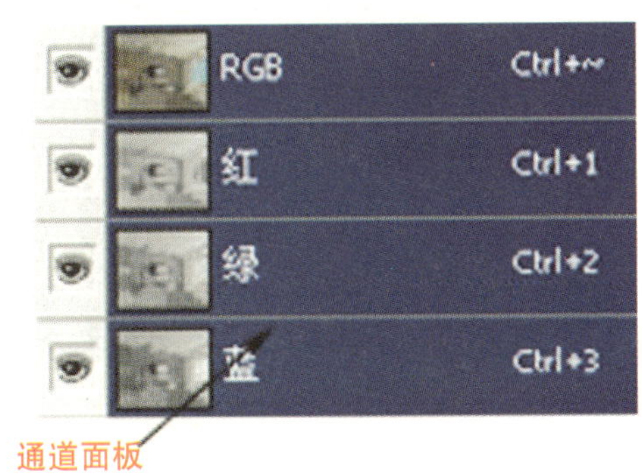

图 4－2－2　选择通道

依次单击选择单色通道，观察三个单色通道中窗帘和背景的反差，从中找到一个反差最大的通道。在比较中，我们发现蓝色通道中窗帘和背景的反差最大。

选择蓝色通道，拖拽至通道面板下的新建通道按钮，为蓝色通道建立一个副本，如图 4－2－3所示。

注意：通道中默认是黑白显示，这样设计是为了让用户依据通道制作或保存选区；在通道中，白色是选区，黑色是非选区，灰色是透明选区。

载入选区的方法：同载入图层选区的方法相同，只需要按住 Ctrl 键单击相应的通道即可。

通道的数量是和颜色模式一致的，所以，除了偏色时，我们可以改变通道，其他情况下不要直接在通道上进行编辑，应该多利用副本；增加的副本不会影响原始图片的颜色。

图 4－2－3　复制蓝色通道副本

保持蓝副本的选中状态，按 Ctrl＋L 键调出，如图 4－2－4 所示。

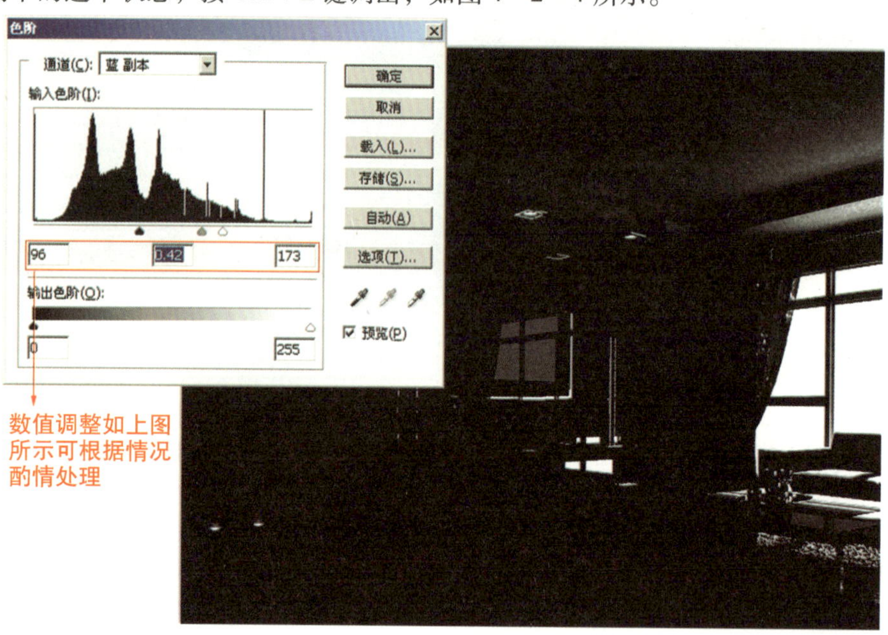

图 4－2－4　调出蓝色通道副本

在图 4－2－4 的调整过程中，可以看到，窗户位置大多数的区域变为白色，但是细心的朋友可能会发现，靠近沙发扶手的位置也变成了白色，这样在提取的时候，肯定会将扶手部分也一起放入选区中，为了解决这个问题，可以回到图层面板。

注意：在回到图层面板之前，必须先单击一下 RGB 混合通道，然后再单击图层面板，如图 4－2－5 所示。

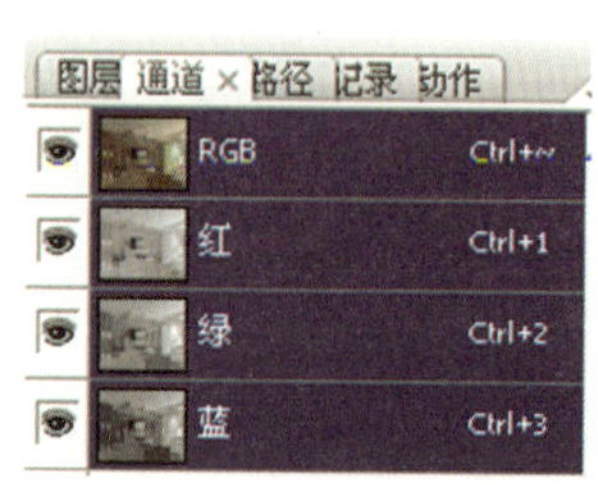

图 4－2－5　单击混合通道后的面板样式

回到图层面板后，单击背景图层，选择钢笔工具，沿着沙发的边缘绘制路径。如图 4－2－6 所示。

图 4－2－6　利用钢笔工具制作的选区

注意：边缘部分要制作精细，可以按 Ctrl＋Alt＋D 键调出羽化面板，在面板中输入 1 即可。

在上一步制作的选区的基础上，按键盘上的 Ctrl＋J 键进行复制，此时选区的部分被复制为一个新图层。

注意：这样做的目的是为了保留形状，以后可以载入选区。

将需要的背景图片打开，选择 工具直接将图片拖放到效果图上，此时现有文档会自动生成一个新层，按照以前的操作，载入选区，然后按 Ctrl＋X 键进行剪切，此时图层为空，效果如图 4－2－7 所示。

图 4－2－7　置入图片，载入图层选区后，剪切

保证选中的为当前的空层，然后执行“滤镜/消失点”命令，如图 4－2－8 所示。弹出如图 4－2－9 所示面板。

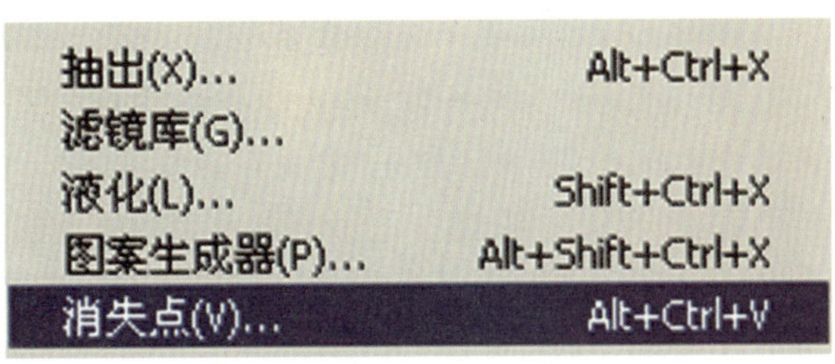

图 4－2－8　运用“滤镜/消失点”命令

图4－2－9 “消失点”面板

选择  工具，在窗户边缘的四个脚上单击，最终形成如图4－2－10所示透视效果。

图4－2－10 利用消失点滤镜绘制的透视区域

注意：当绘制的透视网格为正确时，软件显示的网格颜色为蓝色。

按Ctrl＋V键，将刚才剪切的图片粘贴到这里；拖拽图片至蓝色的选框内，此时大小可能不符合要求，可以按Ctrl＋T键，调出任意变形工具，对其进行缩放，直到大小满意为止。

此时按回车键确定并退出消失点工具。图片调整后效果如图4－2－11所示。

注意：（1）有的软件将消失点翻译为灭点，操作方法无任何差异。

图 4－2－11　图片调整以后的结果

（2）绘制的透视选框在下次调用工具时仍然显示，如需再绘制新的透视选框，重新绘制即可。

将放置窗外背景图片的层隐藏起来，单击通道面板，回到通道中，按住 Ctrl 键单击蓝副本，此时选区被载入；然后在有选区的前提下回到图层面板，按住 Ctrl + Alt 键，单击刚刚复制的沙发一层的缩略图。如图 4－2－12 所示。

图 4－2－12　载入通道选区并减去沙发选区

注意：（1）按住 Ctrl + Alt 键是减少图层选区；Ctrl + Shift 键是增加图层选区；Ctrl + Shift + Alt 键是保留相交选区。

（2）观察窗帘部分，大部分的位置没有蚂蚁线，这并不代表着没有选区，只是因为蓝通道副本的相关位置上是灰色，所以显示不出蚂蚁线。

单击窗外背景图层上的 按钮，恢复显示；按键盘上的 Ctrl + Shift + I 键，反选选区，如图 4 - 2 - 13 所示。

直接单击 Delete 键，删除多余部分即可，效果如图 4 - 2 - 14 所示。

图 4 - 2 - 13　反选选区之后得到的效果

图 4 - 2 - 14　删除多余部分后效果

将多余部分删除后，将“窗外背景”层的不透明度调节为 87%，如图 4 - 2 - 15 所示。

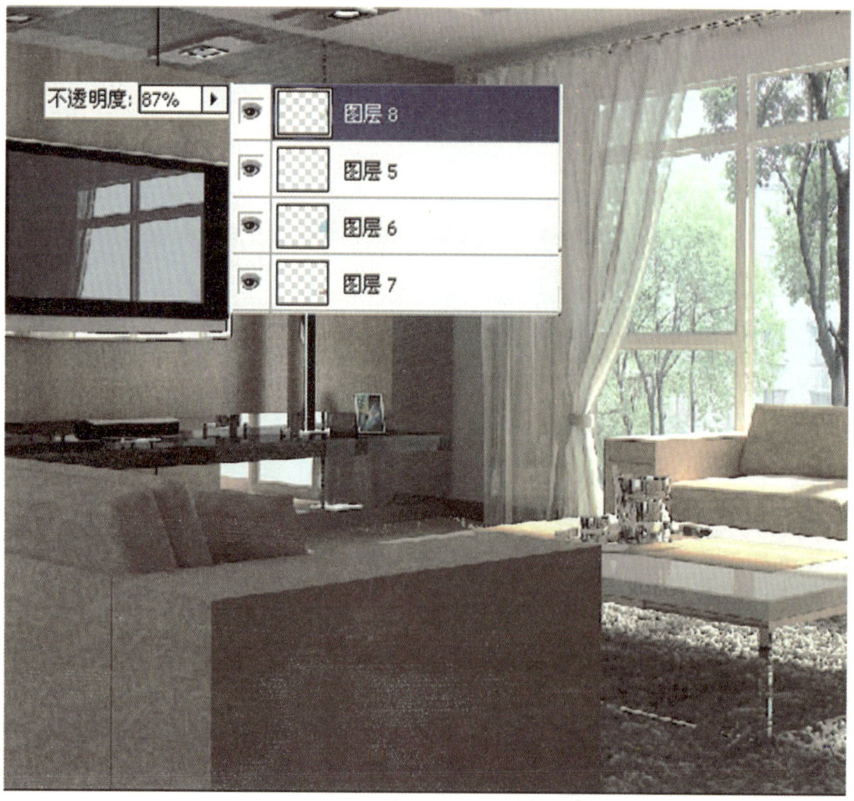

图 4 - 2 - 15　调节窗外背景不透明度

4.2.2　局部颜色调整

利用工具对家居及饰品进行色彩调整，主要工具有色相/饱和度、图层混合模式等。

继续选择背景层，然后选择钢笔工具，为室内近景沙发制作如图 4 - 2 - 16 所示选区，并按 Ctrl + J 键进行提取。

图 4－2－16　利用钢笔或磁性套索工具为沙发制作选区

在提取的沙发图层中，使用“色相/饱和度”命令对沙发进行调整，如图 4－2－17 所示。单击“确定”，退出色相/饱和度对话框。

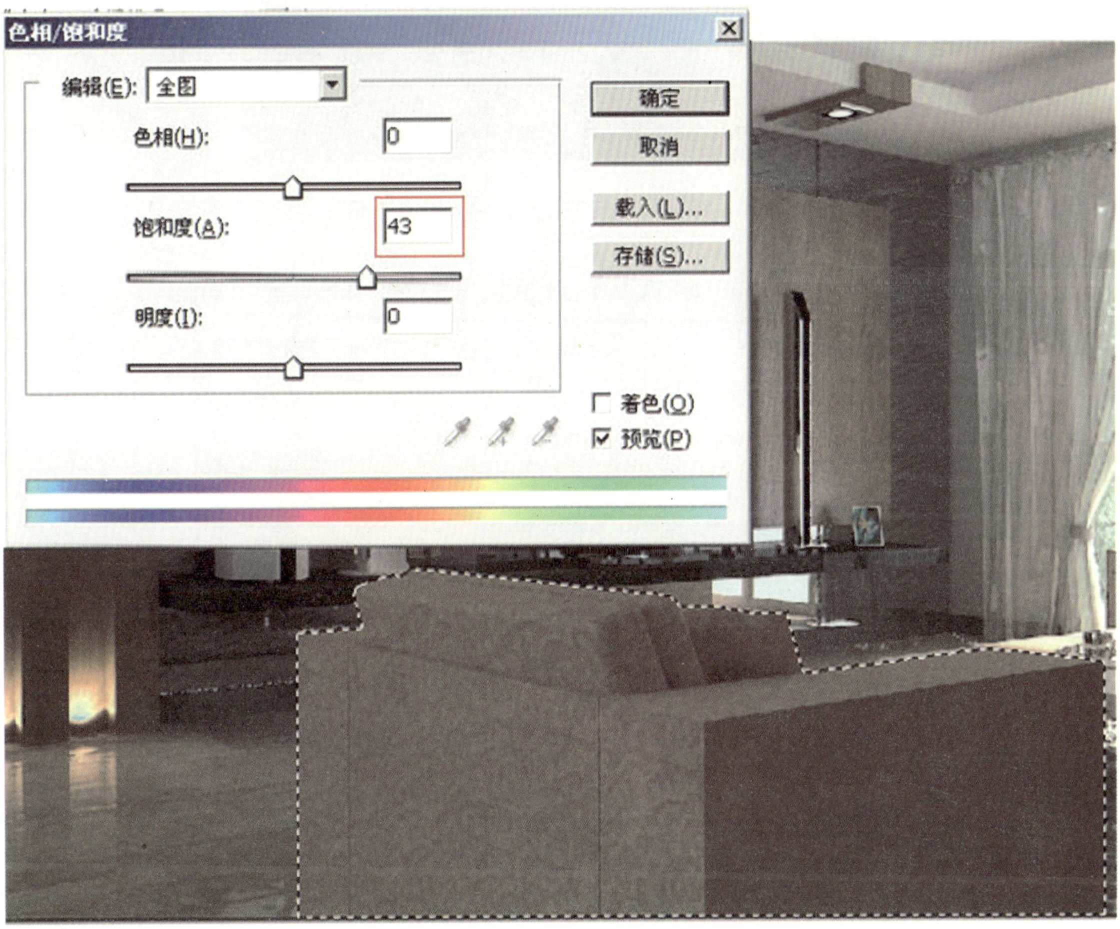

图 4－2－17　调整沙发色相和饱和度

按住空格＋Ctrl 键不放，此时为放大镜工具，然后在墙上的小金人处单击放大，直到合适位置，只需松开按键，工具即自动退出。

注意：按键盘上的空格＋Alt 键配合上单击，可以执行缩小。

选择钢笔工具，为其中一个小金人制作如下选区（图 4－2－18）。按 Ctrl＋J 键进行复制提取。

在提取的层中按 Ctrl＋U 键，调出色相/饱和度面板，对这一部分进行调整，参数如图 4－2－19 所示。效果图如图 4－2－20 所示。

图 4－2－18　制作并提取小金人陈设选区

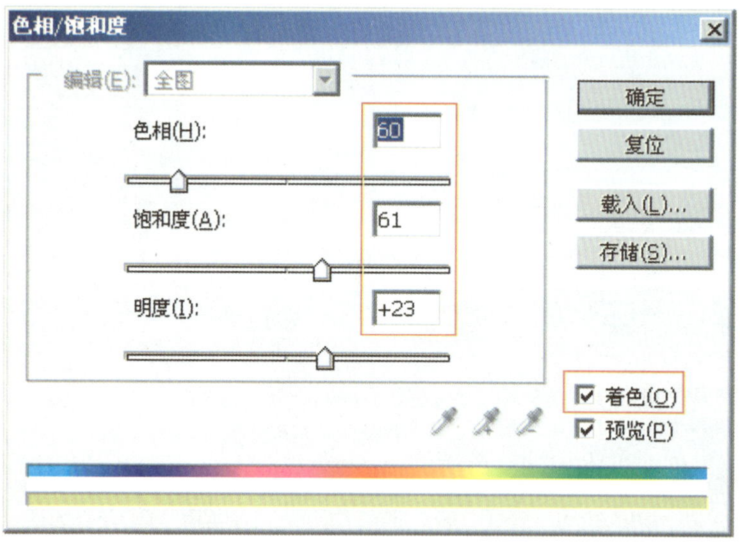

图 4－2－19　色相/饱和度面板参数设置

利用同样的方法，为对面另一个小金人进行颜色调整，效果如图 4－2－21 所示。

在所有图层的最顶端建立新的图层，将前景色调整为一种浅绿色（图 4－2－22）。

选择画笔工具，在新建的图层上的窗栏位置进行涂抹，注意在涂抹时，要细致，尽量沿着原来的形状进行绘制。如图 4－2－23 所示。

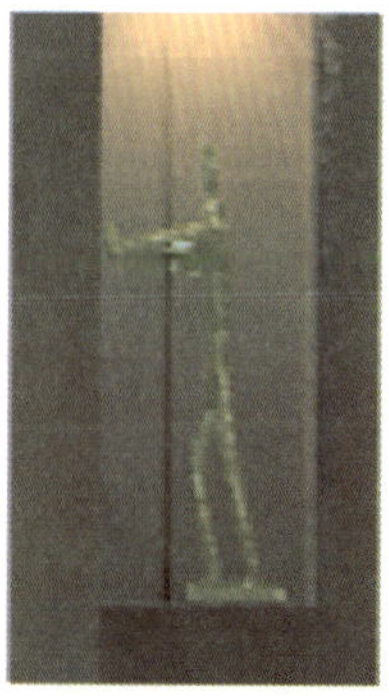

图 4－2－20　最终效果

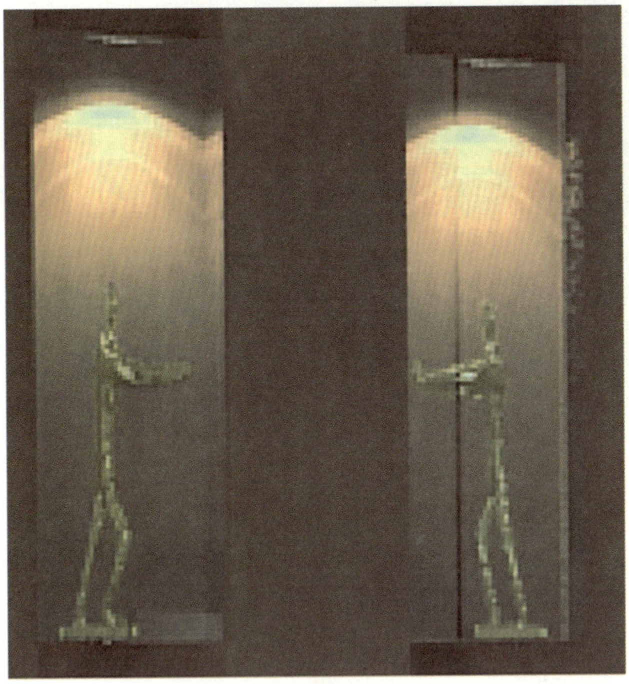

图 4－2－21　调整另一个小金人陈设

图 4－2－22　设定前景色

图 4－2－23　画笔涂抹窗栏

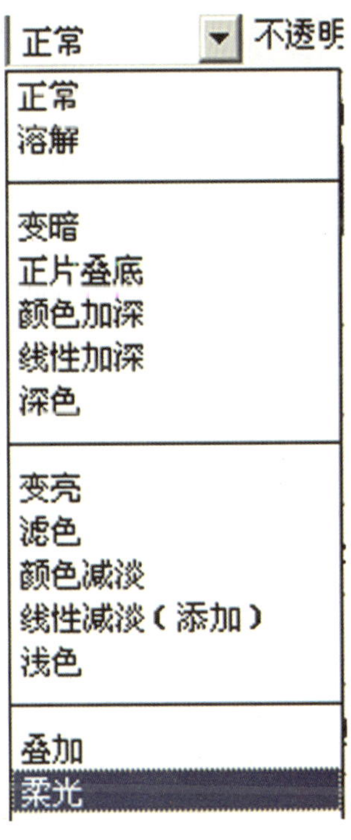

图 4－2－24　调整混合模式和不透明度

此时，将画笔绘制的图形所在的图层的混合模式调整为“柔光”，图层的不透明度调整为60%。如图 4－2－24 所示。最终效果如图 4－2－25 所示。

新建图层，为前景色选择一种暖色调颜色（可以是红色，也可以是深黄色），对新建的图层进行填充（Alt + Del 键），此时整个画布只剩下一种颜色；最后，将此图层的混合模式调整为“柔光”，不透明度调整为 30% 即可。最后效果如图 4－2－26 所示。

注意：色温层是对整个图像进行调整的，所以必须一直保持在最上方。

图 4－2－25　调整后的效果

图 4－2－26　调整后的效果图与图层面板

4.2.3　添加室内装饰

4.2.3.1　添加吊灯

打开如图 4－2－27 所示的灯具素材。

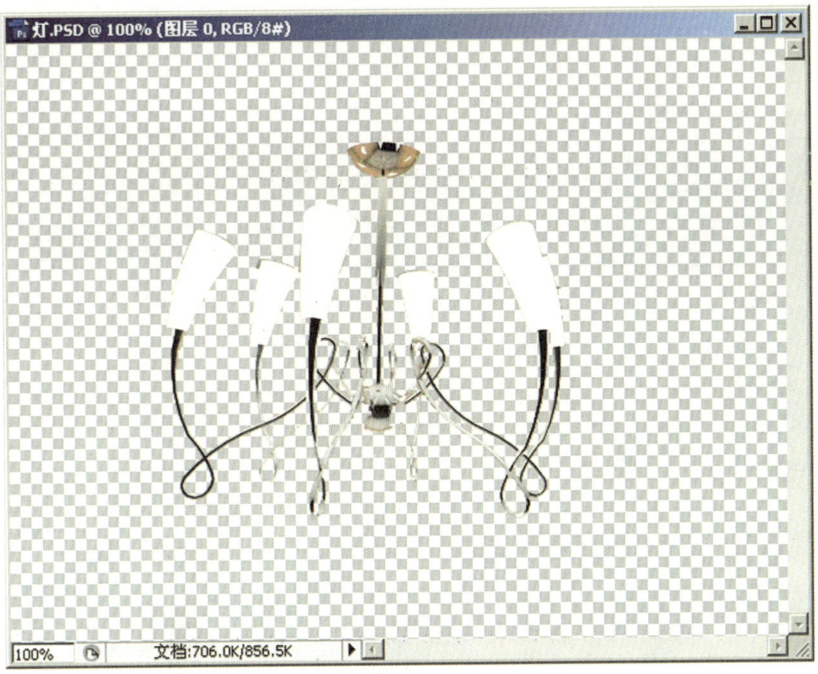

图 4－2－27　灯具素材

将其拖入至刚才的客厅效果图当中，放在合适的位置。如图 4－2－28 所示。

图 4－2－28　将灯具拖至效果图中

4.2.3.2　添加植物

打开如图 4－2－29 所示素材图片。将其拖入效果图内。如图 4－2－30 所示。

保证现在操作的层是“花”这一层，按键盘上的 Ctrl + T 键，调出任意变形工具，对植物进行等比例的放大，如图 4 - 2 - 31 所示。

图 4 - 2 - 30　将植物拖至效果图中

图 4 - 2 - 29　植物素材

图 4 - 2 - 31　调整植物大小

单击回车键后，确定放大变形，将植物移动到相应的合适位置。如图 4 -2 -32 所示。

图 4 -2 -32　将植物移至合适位置

4.2.4　对配景灯光进行调整

新建图层，将其拖拽至灯图层的下方，并将其命名为配景灯层，同时隐藏灯图层；利用钢笔工具绘制如图 4 -2 -33 所示的路径。按 Ctrl + Enter 键将其转换为选区。

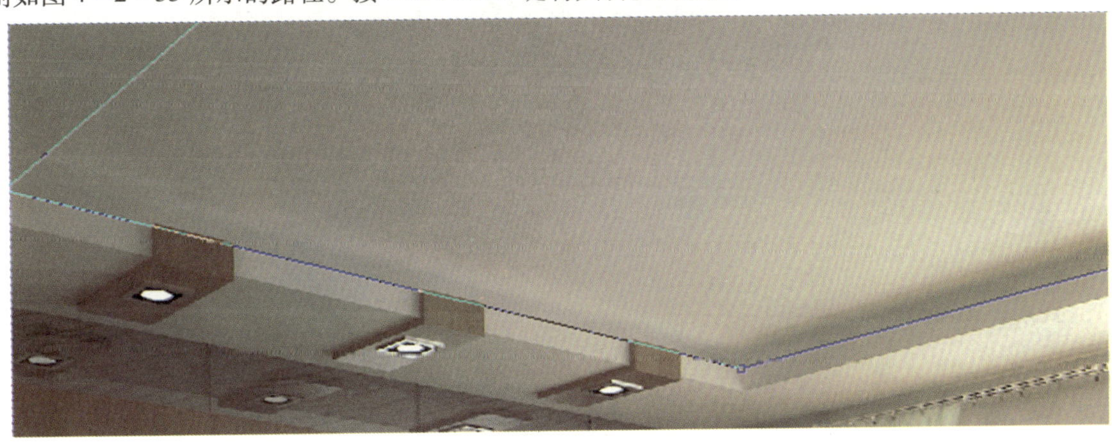

图 4 -2 -33　绘制路径

将前景色设置为一种较淡的黄色，然后将选区进行填充，如图 4 -2 -34 所示。

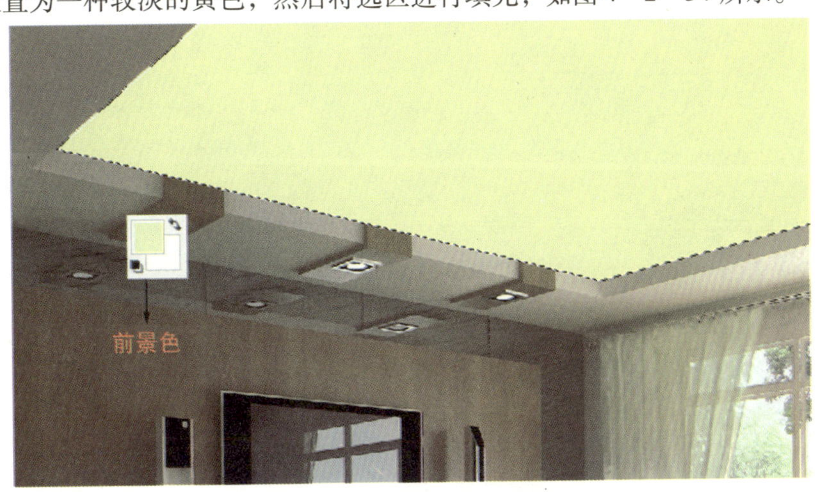

图 4 -2 -34　设置前景色并填充选区

按 Ctrl + Alt + D 键，对选区进行羽化，单击确定。如图 4 - 2 - 35 所示。

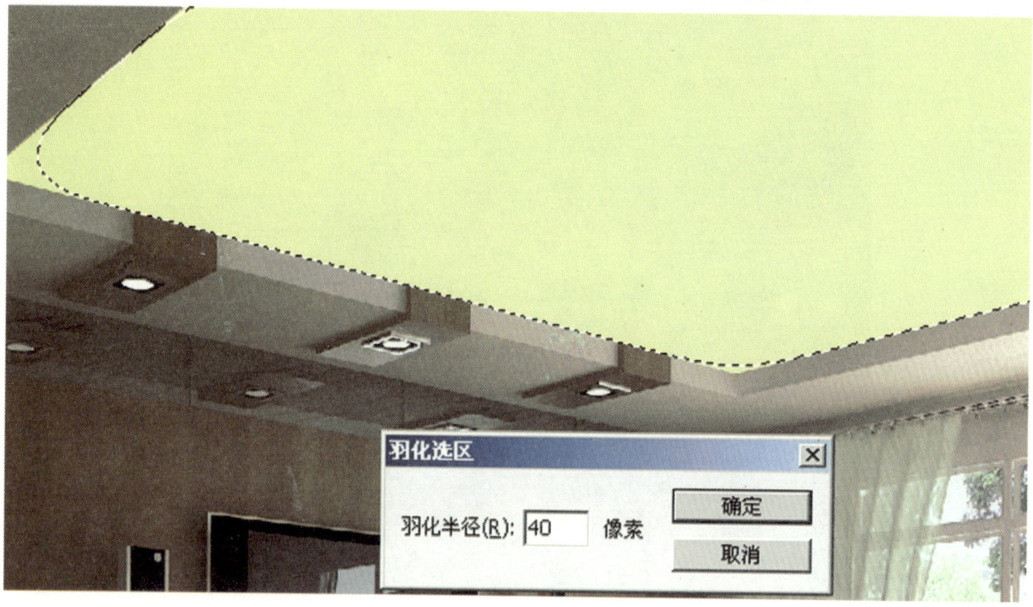

图 4 - 2 - 35　羽化选区

直接删除选区内的填充颜色，将不透明度调整为 84%，如图 4 - 2 - 36 所示。

图 4 - 2 - 36　删除选区填充色并调整不透明度

仔细观察配景灯，很容易看到在上方有一些不应该出现的多余的颜色，如图 4 - 2 - 37 所示。

图 4 - 2 - 37　多余颜色

选择橡皮工具，将多余的部分进行涂抹，删除（图 4－2－38）。

图 4－2－38　删除多余颜色

新建图层，命名为配景灯 2，将其拖至配景灯 1 的下方，利用椭圆选取框工具为投射灯制作如图 4－2－39 所示的选取框。

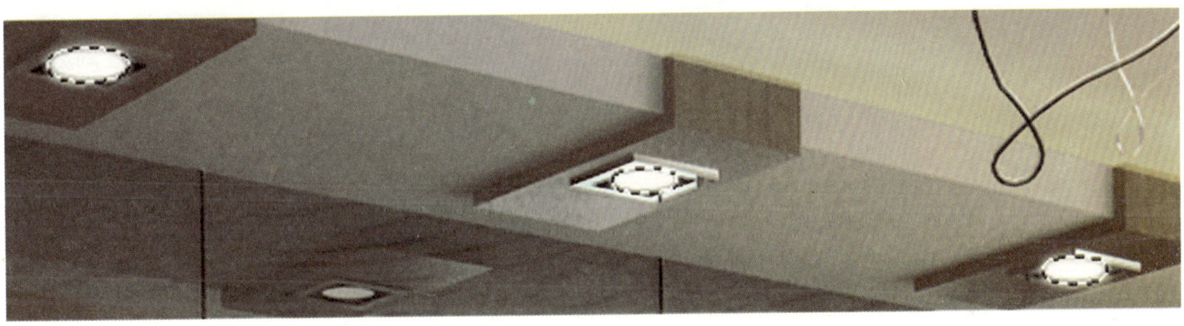

图 4－2－39　为投射灯制作选区

按 Ctrl＋Alt＋D 键调出羽化工具，羽化数值调整为 2；将选区填充为白色，效果如图 4－2－40 所示。

图 4－2－40　羽化选区

按 Ctrl＋D 键取消选区，并将图层的不透明度调整为 50%，如图 4－2－41 所示。

将配景灯进行复制，移动到镜子中的相应位置，然后将图层的不透明度调整为 27%，效果如图 4－2－42 所示。

图 4－2－41　调整不透明度

图 4－2－42　镜子中配景灯效果

4.3　卧室的后期效果处理

对于卧室，最重要的是反映出其温馨的感觉，在灯光上既不宜过亮，也不宜过冷；配景的添加是为了让卧室更显舒适。

4.3.1　为卧室添加壁画

打开如图 4－3－1 所示的效果图。

图 4－3－1　卧室效果图原图

准备如图 4－3－2 所示的壁画插图。

将壁画拖入卧室面板中，如图 4－3－3 所示。

图 4－3－2　壁画插图

图 4－3－3　将壁画拖入卧室效果图中

按住 Ctrl 键单击壁画所在的图层的缩略图，载入此壁画的选区；按 Ctrl＋X 键将壁画剪切。如图 4－3－4 所示。

图 4－3－4　载入壁画选区

保证当前的操作图层，选择“滤镜/消失点”命令，然后依据前面章节所说的方法依据墙体制作透视选框。如图 4－3－5 所示。

此时按 Ctrl＋V 键，将前面剪切的图片粘贴进来。按照前文教过的方式对当前图片的大小以及样式进行改变。效果如图 4－3－6 所示。

4.3.2　为墙壁上的投射灯添加灯光效果

新建图层，重命名为投射灯，如图 4－3－7 所示。

将前景色调整为如图 4－3－8 所示的深灰色。

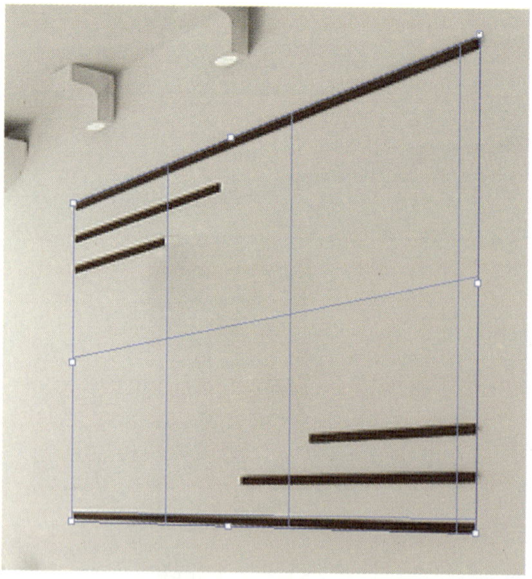

图 4－3－5　制作透视选框

图 4－3－6　最后效果

图 4－3－7　投射灯图层

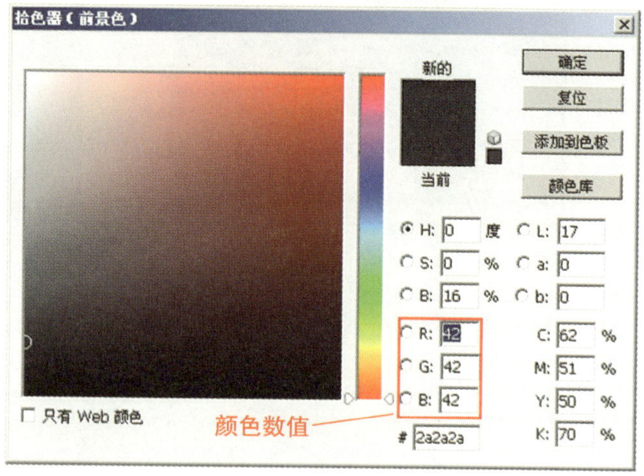

图 4－3－8　调整前景色

按键盘上的 Alt + Del 键进行填充。

选择刚才操作的图层，然后执行“滤镜/渲染/光照效果”命令，在打开的面板中设置如图4－3－9所示。

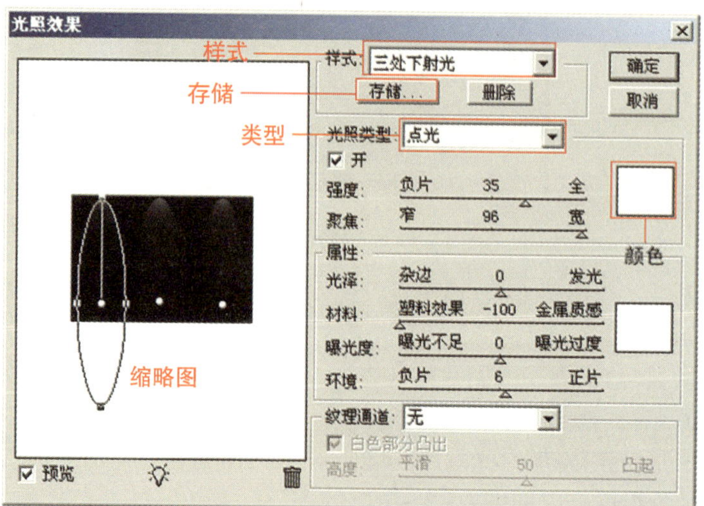

图 4－3－9　光照效果设置

在画布中的情况如图 4－3－10 所示。

图 4－3－10　画布中的光照效果

将当前图层的灯光执行全选后剪切，在投射灯层上调出消失点滤镜。

注意：由于上次已经做过一次透视选区，故软件会自动保留，所以没有必要再去重新绘制，只需要将选区变大即可，如图 4－3－11 所示。调整透视选区如图 4－3－12 所示。

确定后退出消失点编辑工具。

将当前所操作的图层混合模式调整为滤色，效果如图 4－3－13 所示。

图 4－3－11　扩大选区

图 4-3-12　调整选区

图 4-3-13　投射灯效果

此时，如果感觉灯光还不够强烈，可以利用色阶，对灯光的亮度进行进一步调节，如图 4-3-14所示。

4.3.3　改变床上用品的色调

利用钢笔工具为靠枕制作如图 4-3-15 所示的选区。

按键盘上的 Ctrl + U 键或是在“图像/调整”中调出“色相/饱和度”命令，将参数值调整为图 4-3-16 所示。

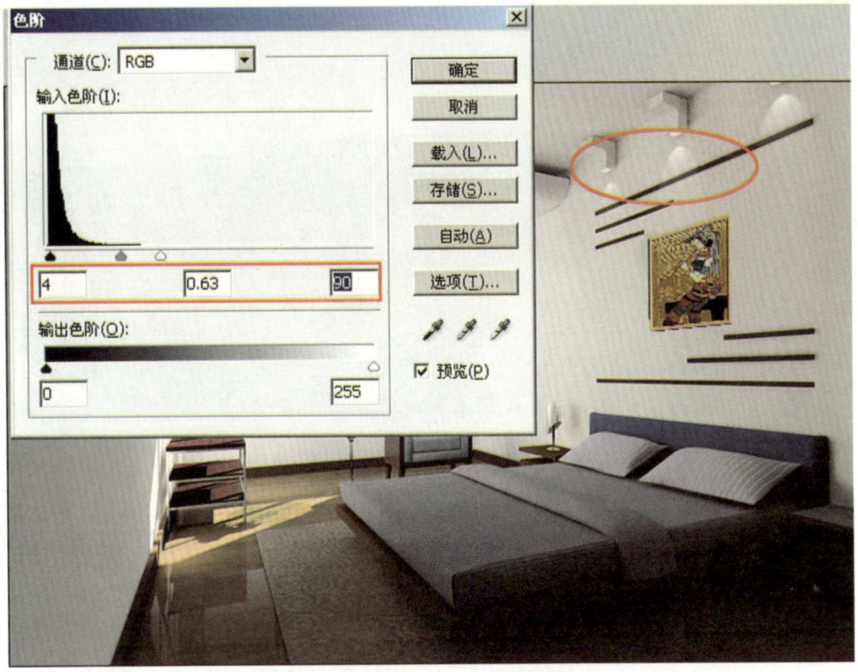

图 4-3-14　运用色阶调节灯光

图 4-3-15　制作靠枕选区

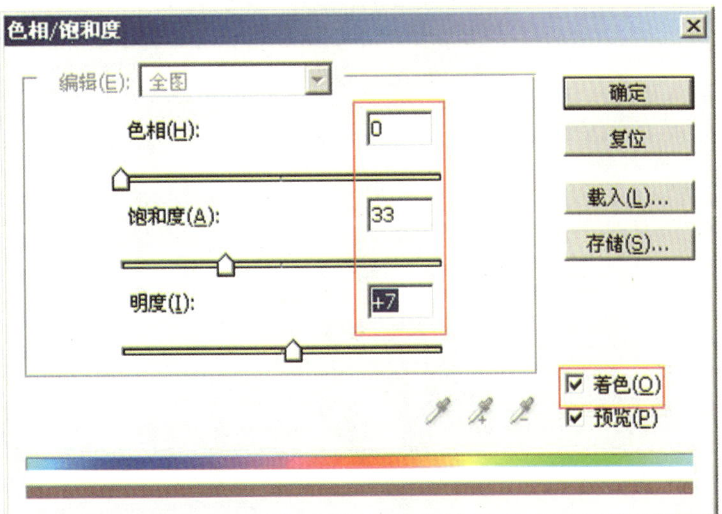

图 4-3-16　调整参数

调整后效果图如图 4－3－17 所示。

图 4－3－17　调整后效果

利用同样的方法，对其他的床上用品进行色调的调整，如图 4－3－18 所示。

图 4－3－18　调整其他床上用品

如图 4－3－19 所示调整沙发以及地毯的颜色。

图 4－3－19　调整沙发和地毯的颜色

4.3.4　添加配景

找到如图 4－3－20 所示需要的素材，将其拖入到编辑文件中，如图 4－3－21 所示。

图 4－3－20　素材

图 4－3－21　将书籍素材拖入到效果图中

利用同样的方法，可以为室内添加其他配景，如图 4－3－22 所示。

图 4－3－22　添加其他配景

注意：室内配景的添加要根据实际情况，特别是需求方的要求进行添加，不要认为多多益善。

最后，可以利用前面学过的调整客厅色调的方法对室内空间进行整体色调的改变，如图 4－3－23 所示。

图 4－3－23　改变整体色调后效果

4.4 大堂的后期处理

我们这里的大堂，也就是公共场所中的大厅，包括企事业的办事大厅、娱乐场所的接待大堂以及宾馆大堂等等。在后期处理这一类场所的时候，最重要的是把握场景中的色调问题，因为虽同属大堂，但是行政机构和娱乐休闲机构的设置是截然相反的。一般情况下，行政大厅更强调其严肃性，所以在使用色调上尽量应该稍冷一些，色彩饱和度应该稍小一些，如图 4－4－1 所示；而娱乐场所正好和行政办公场所相反，色调靠暖且要饱和度偏高，以营造舒适的气氛，如图 4－4－2 所示。

图 4－4－1　行政机构大堂

图 4－4－2　娱乐场所大堂

只要注意了以上问题，大堂的处理就会朝着一个正确的方向前行；否则，加什么样的配景都无济于事。

下面就以行政机关大堂的处理为例，为大家简单阐述一下方法步骤。

4.4.1　调整图片色调

打开如图 4－4－3 所示图片。

图 4－4－3　大堂原图

然后调出色相/饱和度面板，进行如图 4－4－4 所示操作。

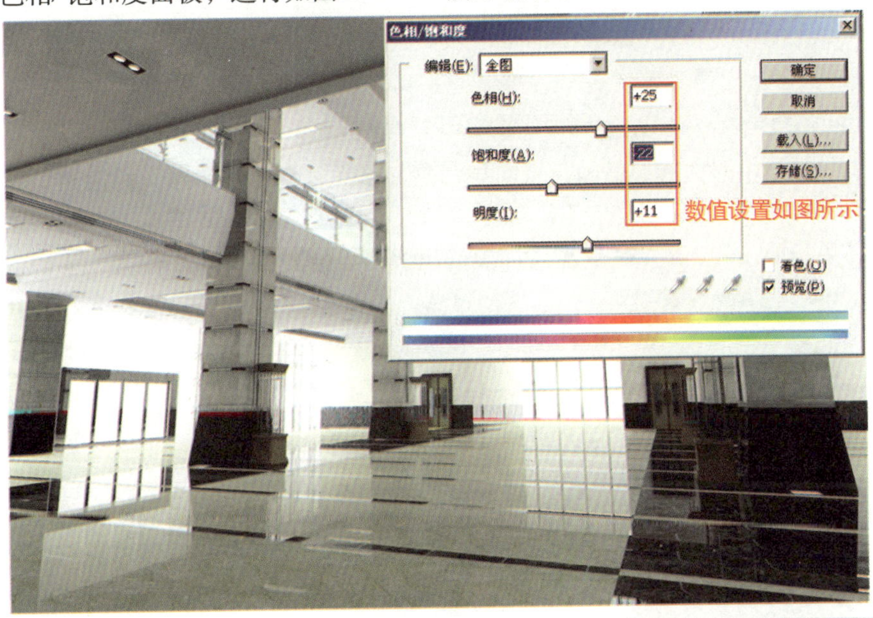

图 4－4－4　设置参数

调整天光，进一步增加图片在感官上的亮度。可以单击“新建图层”按钮，然后将新建的图层填充为纯黑色，调出“滤镜/渲染/镜头光晕”对话框，设置如图 4－4－5 所示。

下一步非常关键，现在整个场景中的大部分颜色都已经变成黑色，需要一次性将所有黑色去除掉，这时，图层混合模式再次派上了用场。将黑色层的混合模式更改为滤色，然后将不透明度进行相关调整，效果即可出现，如图4－4－6所示。

注意：滤色的作用用一句话概括就是去黑留白，在效果图后期处理中有着十分重要的作用。

4.4.2　为墙壁增加光线的反射

选择多边形套索，按住 Shift 键绘制如图 4－4－7 所示的选区。

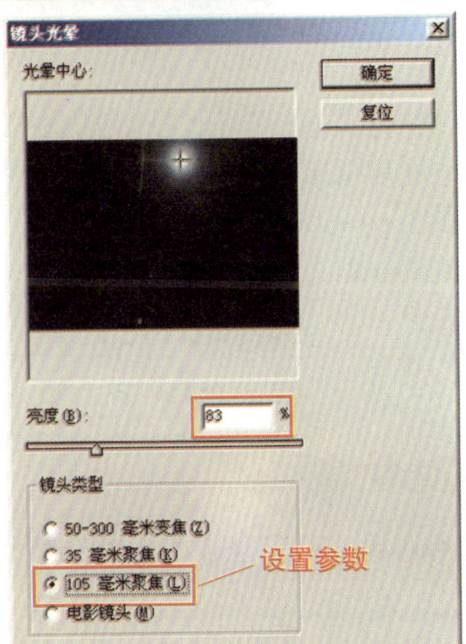

图 4－4－5　设置镜头光晕参数

图 4－4－6　运用图层混合模式后效果

图 4－4－7　绘制选区

执行“选择/羽化”命令，在输入框中输入 5，效果如图 4－4－8、图 4－4－9 所示。

新建图层，保持对新图层的选中状态，然后将前景色设置为白色，进行填充（快捷键 Alt + Del），如图 4－4－10 所示。

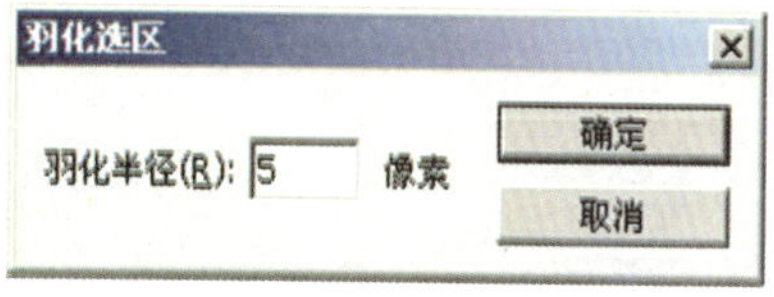

图 4－4－8　羽化选区

图 4－4－9　羽化后的选区

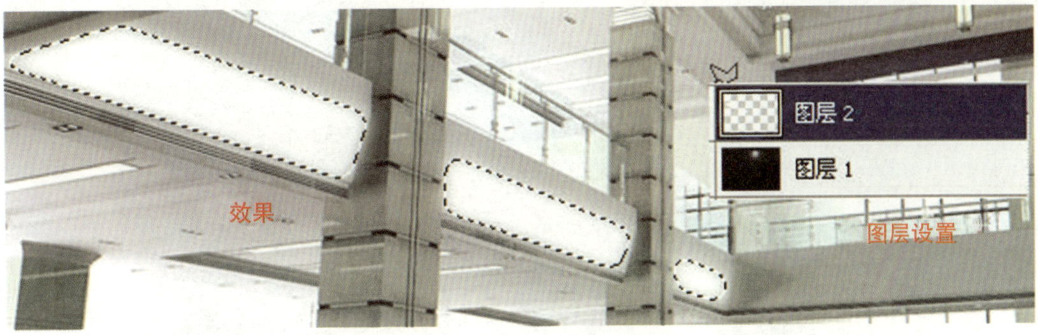

图 4－4－10　设置前景色并填充

此时光线的反射过于强烈，所以可以通过调整透明度对其进行更改。效果如图 4－4－11 所示。

图 4－4－11　调整透明度

4.4.3　为空间添加植物配景

打开植物的素材图片，如图 4－4－12 所示。然后将其拖拽至编辑文档之中，调整大小后放在相应的位置，如图 4－4－13 所示。

图 4－4－12　植物素材

图 4－4－13　调整大小及位置

按住 Alt 键，拖拽复制出其他的植物对象，如图 4－4－14 所示。

注意：由于透视问题，在复制出一个对象以后，需要根据透视角度进行透视处理，方法是按键盘快捷键 Ctrl＋T 键调出任意变形，然后按住 Ctrl 键对控制点进行拖动，直到符合透视关系为止。

图 4-4-14　复制植物配景

4.4.4　添加人物

适当地添加人物，会为整个效果图增添很多光彩。要打开已经事先准备好的图片，按照上面添加植物的方法进行人物的添加，效果如图 4-4-15 所示。

图 4-4-15　添加人物后的效果

很明显可以看到，只是单纯地添加人物后，很多细节是无法表现出来的，所以下面就要对细节进行调整。

（1）为人物添加倒影效果。

选择近处的人物，然后执行键盘上的 Crtl + J 键，复制图层；选择下面的图层，执行“编辑/变换/垂直翻转”命令，将下面的人物翻转过来，然后移动到适当的位置，如图 4-4-16 所示。

图 4-4-16　翻转人物作倒影

单击层面板中的新建蒙版按钮

。

选择渐变填充工具，按住 Shift 键进行上下的拖拽，可以多试验几次直到倒影的渐变效果合适为止，如图 4-4-17 所示。

利用同样的方法，制作另外一组人物的倒影，效果如图 4-4-18 所示。

图 4－4－17　采用渐变后的效果

图 4－4－18　另一组人物倒影

最后统一调整一下两组蒙版的不透明度即可。最后效果如图 4－4－19 所示。

图 4－4－19　最后倒影效果

（2）为楼上的人物去掉多余部分。

首先，制作如图 4－4－20 所示选区。单击 Del 键删除。

制作如图 4－4－21 所示选区。

图 4－4－20　制作选区

图 4－4－21　制作另外一个选区

然后按 Ctrl + Shift + J 键（剪切到新的图层），使得其移动到一个新的图层中；然后将此层的混合模式调整为正片叠底，并将图层的不透明度调整为 40%，如图 4 – 4 – 22 所示。

最后，利用橡皮工具擦去多余部分，如图 4 – 4 – 23 所示。

图 4 – 4 – 22　移至新图层并调整透明度

图 4 – 4 – 23　擦去多余部分

最后的效果如图 4 – 4 – 24 所示。

图 4 – 4 – 24　最终效果图

第5章

建筑外观效果图实例分析

建筑外观效果着眼于建筑的整体效果以及环境的表现，其表现的手法和室内效果图有一定的不同。室内效果图对模型的建立没有特别高的要求，前期只需要对基本轮廓和设施进行简单的描摹，然后加上灯光与色调，后期的调整重点也要放在色调上。但是作为建筑外观效果图，则正好相反，因为对于建筑外观的评价，最重要的一点就是“型”，所以色彩以及渲染相对就不那么重要了。在后期处理上，由于室外反映的场景较大，所以一般情况下不会加很多配景。

下面以建筑外观日景、夜景图及特效图为例，介绍室外效果图的后期处理。

5.1　室外日景图的后期处理

首先，打开已经处理好的楼宇效果图（图5－1－1）。

图5－1－1　楼宇效果图

大家可以看到图5－1－1整体的效果，现在的任务就是为这栋主体建筑添加合适的地面、天空、远景以及各种植物和交通设施。

5.1.1　添加地面

将事先准备好的地面直接拖入到页面中，并将其所在的图层拖到建筑的下方，如图5－1－2所示。但看上去两张图片有些格格不入，因为背景是草地，而楼体是商业建筑，还需要添加其他素材进一步修饰，如图5－1－3所示。

将调出的道路图片拖拽至场景中，并将其放在两个图层之间，效果如图5－1－4所示。

图 5－1－2　拖放地面图层

图 5－1－3　拖入道路素材

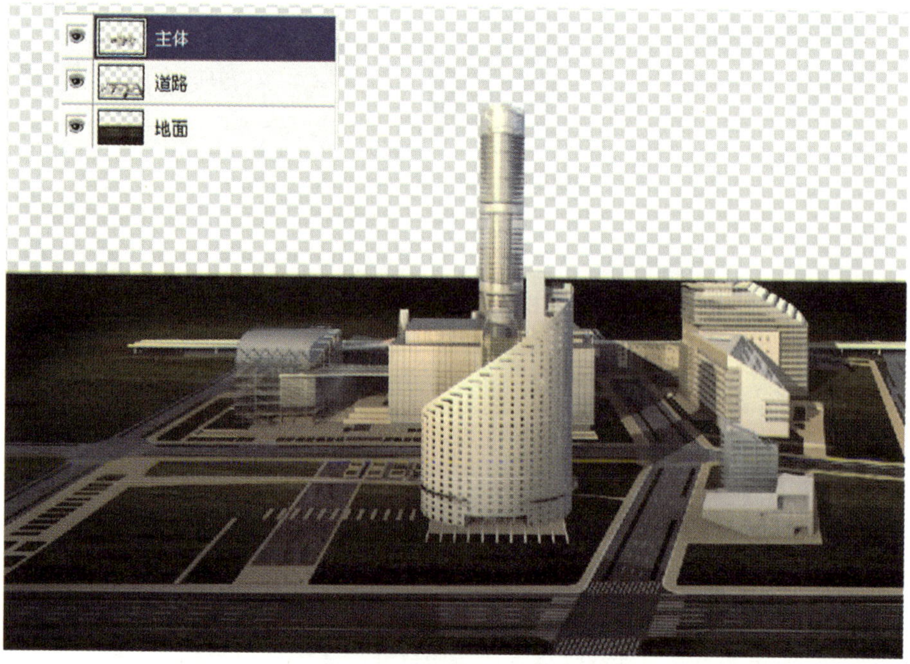

图 5－1－4　将道路图放于两图层之间

5.1.2 添加背景

选择背景图片，将其拖入到场景并将其所在图层放置在最下方。如图 5 -1 -5 所示。

图 5 -1 -5 拖入背景图层

添加背景以后，可以看到，在远景和地面交接的地方过渡非常不自然，如图 5 -1 -6 所示，所以要对其进行美化，最简单的方法是为其添加中景楼宇，目的就是为了遮盖住交接处的不自然过渡。图 5 -1 -7 是添加中景后的效果。

很明显，图片中的楼宇在颜色上又出现了问题，调出色彩平衡面板（快捷键 Ctrl + B)，设置如图 5 -1 -8 所示的参数。

调整后的效果如图 5 -1 -9 所示。

5.1.3 添加其他配景

使用同样的方法，为图片添加各种植物配景。如图 5 -1 -10 所示。

仔细观察，道路两旁比较单调，不符合绿化带的标准，所以还需要进一步用树木进行装饰。

调出事先准备好的树木图片，如图 5 -1 -11 所示。

图 5 -1 -6 不自然过渡

图 5－1－7　添加中景

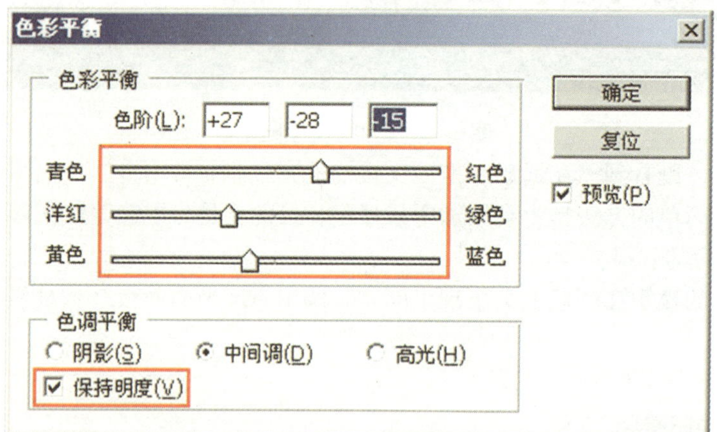

图 5－1－8　设置色彩平衡参数

图 5－1－9　调整色彩后的效果

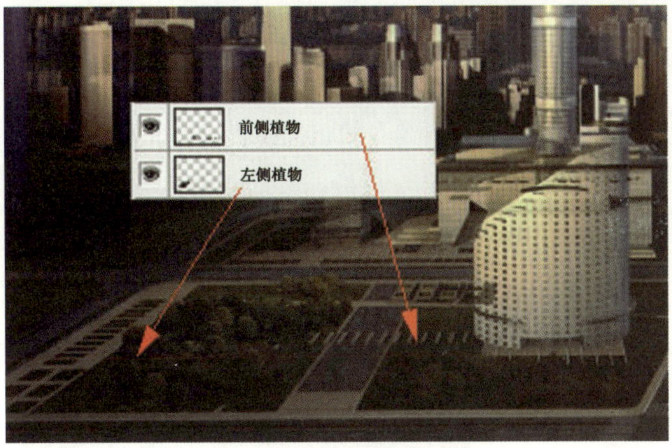

图 5－1－10　添加植物配景

图 5－1－11　树木原图

将其拖拽至画布，如图 5－1－12 所示。

图 5－1－12　将树木拖入效果图中

此时，按住 Ctrl 键单击图层的缩略图，载入图层选区。如图 5－1－13 所示。

按键盘上的 Ctrl + Alt + T 快捷键，将复制的树木拖动到如图 5－1－14 所示位置。

图 5－1－13　载入树木图层选区

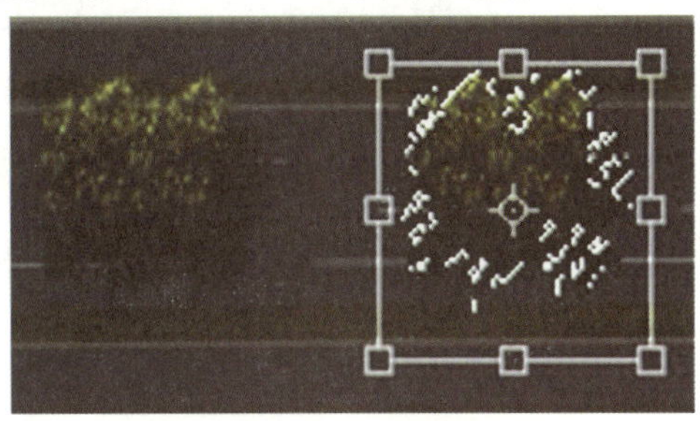

图 5－1－14　复制树木

单击回车确定，此时不要做其他操作，而是按住键盘上的 Ctrl + Alt + Shift 键，再重复单击 T 键，大家会发现，树木会按照刚才移动的距离进行复制。

然后再根据需要进行树木的添加和交错，效果如图 5－1－15 所示。

图 5－1－15　对树木予以添加交错处理

根据上述方法，将道路的其他位置也添加上树木，最终效果如图 5－1－16 所示。

如果感觉整个图像还有些单调，那还可以添加一些建筑背景，如图 5－1－17 所示。

5.1.4 添加雾气效果

新建图层，将前景色设置为白色，然后选择铅笔工具，在图像上的相关位置进行任意的涂抹，如图 5－1－18 所示。

选择菜单中的滤镜/模糊/高斯模糊，参数设置如图 5－1－19 所示。最后效果如图 5－1－20 所示。

注意：雾气效果的随机性很大，可以根据自己的需要利用铅笔的涂抹和高斯模糊的设置进行反复修改，直到满意为止。

图 5－1－16 添加树木完成后效果

图 5－1－17 添加建筑背景

图 5－1－18 铅笔工具涂抹

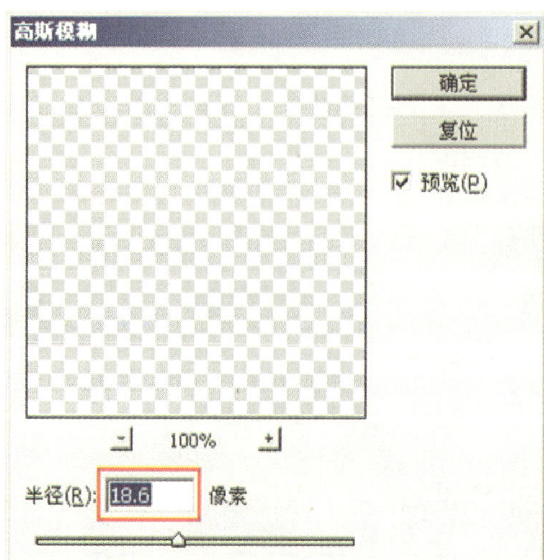

图 5－1－19 设置高斯模糊参数

图 5－1－20　添加雾气后的效果

5.1.5　调整亮度

单击层面板上的 ◐. 按钮，在弹出菜单中选择“亮度/对比度”按钮，为整个图层添加一个调整层，参数设置如图 5－1－21 所示。

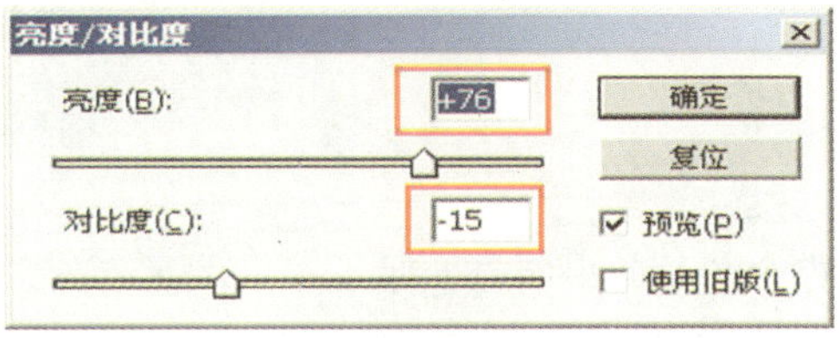

图 5－1－21　设置亮度/对比度参数

单击“确定”，得到最终效果图如图 5－1－22 所示。

图 5－1－22　最终效果图

5.2　室外夜景图的后期处理

5.2.1　调整楼体的整体亮度

打开如图 5－2－1 所示的楼体图片。

从效果上看整个建筑颜色过亮，所以应该先将图片的亮度降下来。打开色阶面板，调整参数如图 5－2－2 所示。

图 5－2－1　楼体原图

整个图片效果明显变暗了，如图 5－2－3 所示。

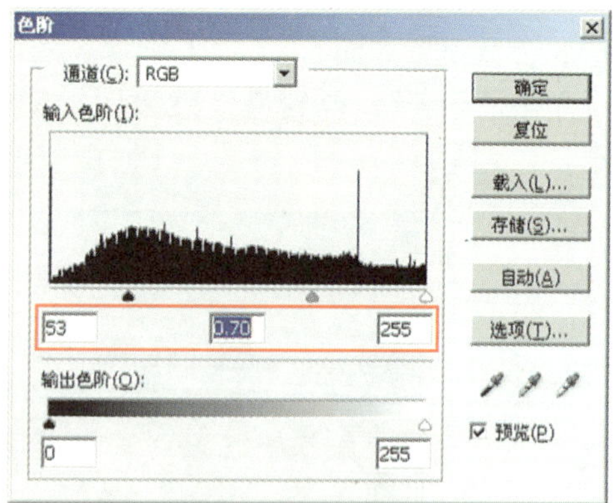

图 5－2－2　调整色阶

5.2.2　在场景中添加背景

首先，为其添加地面和夜景天空，将素材拖入画布，并将图层排好先后顺序。如图 5－2－4 所示。

然后，可以利用色阶命令对天空进行进一步调节，使其再稍稍暗一些。

5.2.3　添加其他配景

首先添加远景建筑，并将其色调调整统一。如图 5－2－5 所示。

图 5－2－3　色阶调整后效果

图5－2－4　添加素材

图5－2－5　添加远景建筑

然后可以继续添加配景，为场景中添加人物配景和植物配景。如图5－2－6所示。

添加汽车配景，如图5－2－7所示。

注意：为了使汽车有运动的效果，可以在调出配景之前运用“滤镜/模糊/动感模糊”命令来调整一下。

利用调用素材再配合 Ctrl＋T 键进行大小调整，添加其他的配景，最终效果如图5－2－8所示。

5.2.4　添加路灯灯光效果

将图片放大后，移动到路灯的位置。如图5－2－9所示。

此时，新建图层，重命名为“灯光”。

在新图层上绘制正圆选区，如图5－2－10所示。

图 5－2－6　添加人物配景和植物配景

图 5－2－7　添加汽车配景

图 5－2－8　调整配景后的效果

图 5－2－9　放大图片并移至路灯位置

图 5－2－10　绘制选区

按键盘上的 Ctrl + Alt + D 键，调出羽化面板，参数设置如图 5 - 2 - 11 所示。

然后将前景色调整成黑色，按 Alt + Del 键两次，填充以后的效果如图 5 - 2 - 12 所示。

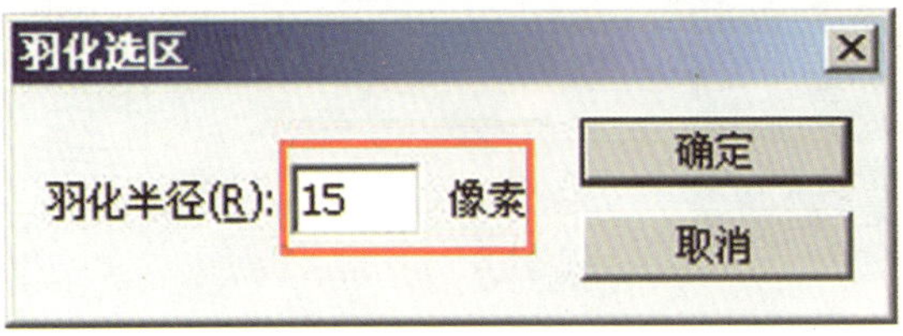

图 5 - 2 - 11　设置羽化参数

图 5 - 2 - 12　填充后效果

选择“滤镜/渲染/镜头光晕”命令，参数设置如图 5 - 2 - 13 所示。

将灯光所在层的图层混合模式调整为滤色，然后将此图层复制一份，效果如图 5 - 2 - 14 所示。

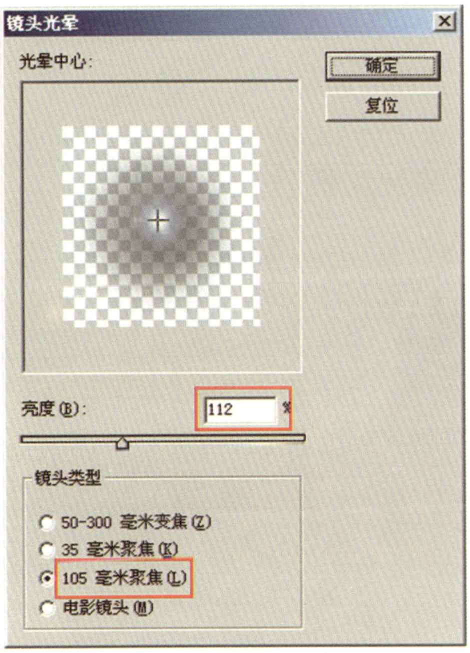

图 5 - 2 - 13　设置镜头光晕参数

图 5 - 2 - 14　调整为滤色

将制作好后的灯光复制到其他路灯的位置，完成最终效果，如图 5 - 2 - 15 所示。

图 5 - 2 - 15　复制后效果

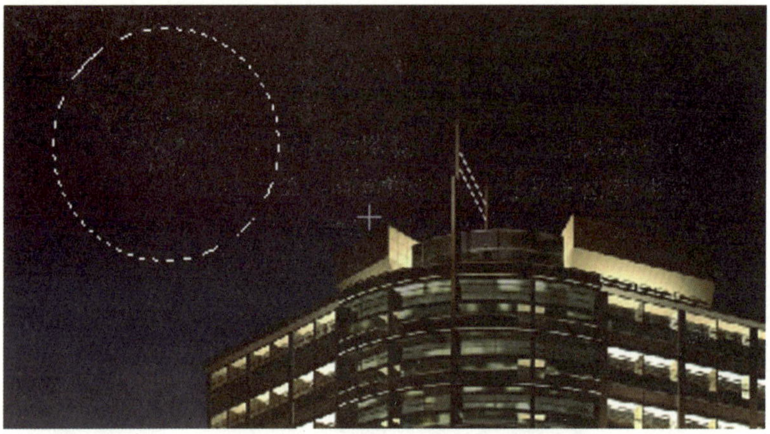

图 5－2－16　绘制选区并调整位置

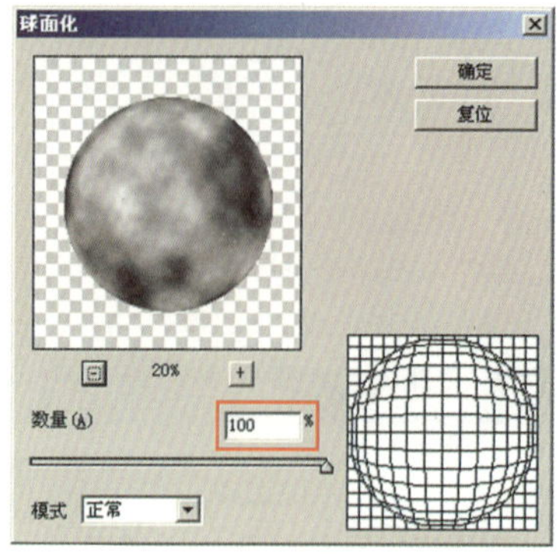

图 5－2－17　执行“云彩”命令后再执行“球面化”命令

5.2.5　为夜景添加一轮明月

新建图层，重命名为“月亮”，然后在新图层上绘制正圆选区，将其位置调整到如图 5－2－16 所示。必须保证前景色和背景色为默认的黑白色，然后执行“滤镜/渲染/云彩”命令（可按 Ctrl + F 键重复执行云彩命令，直到满意为止），效果如图 5－2－17 所示。

选择“滤镜/扭曲/球面化”命令，参数设置如图 5－2－17 所示。

调出色阶面板，参数及效果如图 5－2－18 所示。

选择“图像/调整/色彩平衡”命令（Ctrl + B），参数及效果如图 5－2－19 所示。

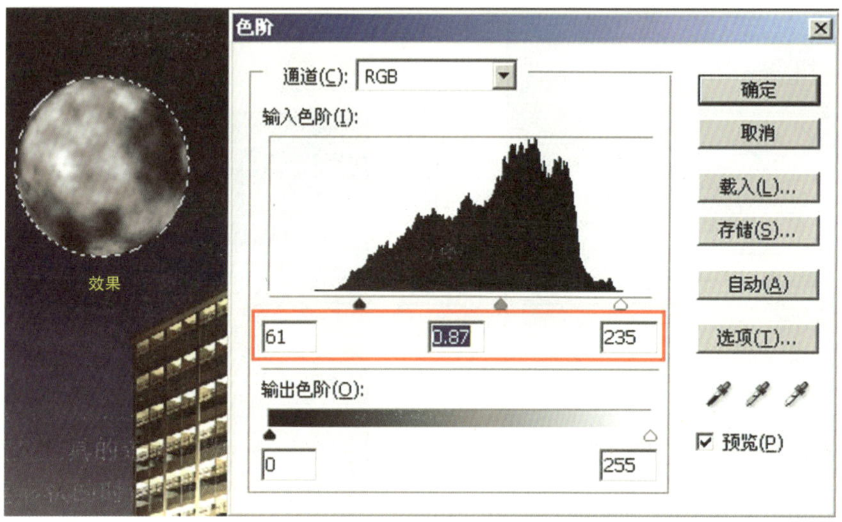

图 5－2－18　设置“色阶”参数

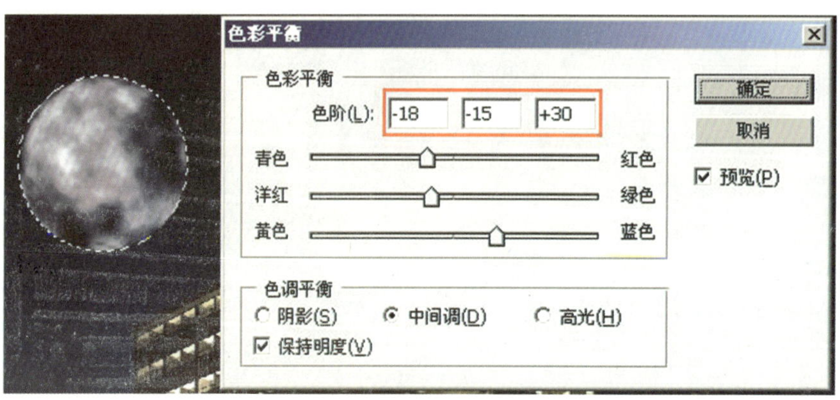

图 5－2－19　设置“色彩平衡”参数

将当前图层的不透明度设置为76%，然后将其拖拽至图像左上方，然后取消选区，最终效果如图5－2－20所示。

图5－2－20　最终效果图

5.3　特效效果图制作

效果图市场的发展促进了技术的成熟，但随之出现的问题就是，传统的效果图只是一味追求其形似，也就是我们说的“像”，但“像”在现今效果图市场上的地位已经再也没有过去那么重要了，人们要在短时间内出图，又要满足艺术效果，所以我们会在后期将其进行特效处理，达成其艺术效果，例如特殊光线调整，雨雪景的调整，手绘效果图的调整，等等。

5.3.1　手绘效果图的处理

5.3.1.1　前期设定

打开如图5－3－1所示图片。

按Ctrl＋J键直接复制现有图层，然后执行“图像/调整/去色”命令（图5－3－2）。

5.3.1.2　生成线稿

将图层1进行复制，并执行“图像/调整/反相”命令，效果如图5－3－3所示。

将图层1副本的混合模式调整为“颜色减淡”；执行“滤镜/其他/最小值”命令，参数设置如图5－3－4所示。

图5－3－1　打开原图

图 5 -3 -2　执行去色命令

图 5 -3 -3　执行反相命令

得到线稿的效果，如图 5 -3 -5 所示。

5.3.1.3　为线稿上色

复制一背景副本，并将其移动到图层最上方，效果如图 5 -3 -6 所示。然后将图层的混合模式调整为“颜色”，得到彩色效果，如图 5 -3 -7 所示。

5.3.1.4　图像修饰

首先将图层 1 和图层 1 副本执行合并（Ctrl + E 键），然后在对得到的合并以后的层执行复制图层。

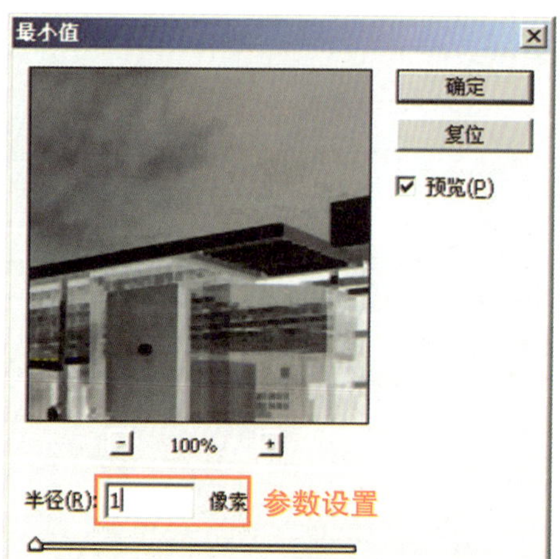

图 5 -3 -4　颜色减淡

图 5-3-5　线稿效果

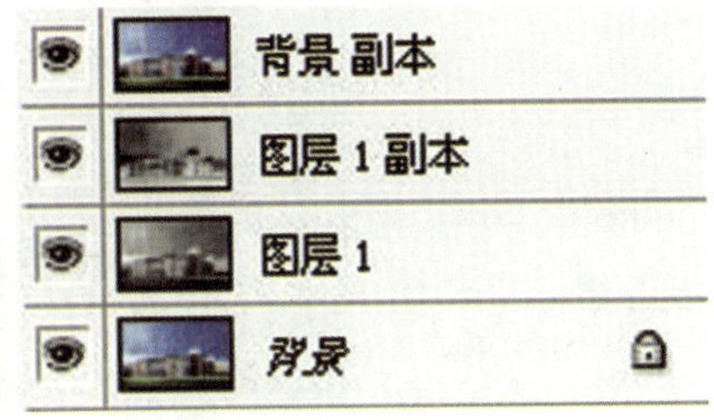

图 5-3-6　复制背景图层

图 5-3-7　彩色效果

将新得到的图层 1 副本执行“滤镜/模糊/高斯模糊”命令，并将图层 1 副本的图层混合模式更改为“颜色加深”，效果如图 5-3-8 所示。

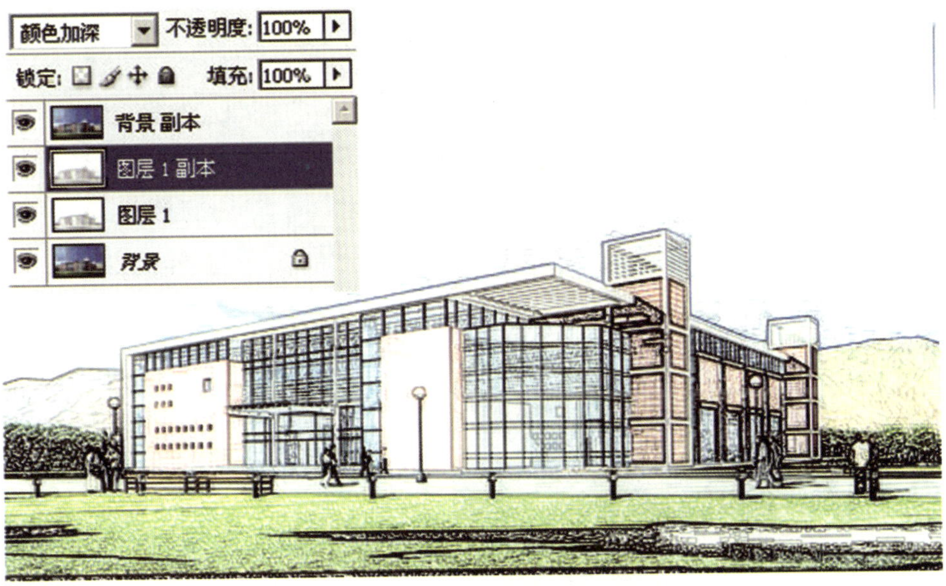

图 5-3-8　高斯模糊后颜色加深

紧接着要对整个图像进行进一步的上色处理；继续复制一个背景的副本，并将其拖动到图层的最上方，效果如图 5-3-9 所示。然后按住键盘的 Alt 键单击图层面板上的创建蒙版按钮，创建黑蒙版。如图 5-3-10 所示。

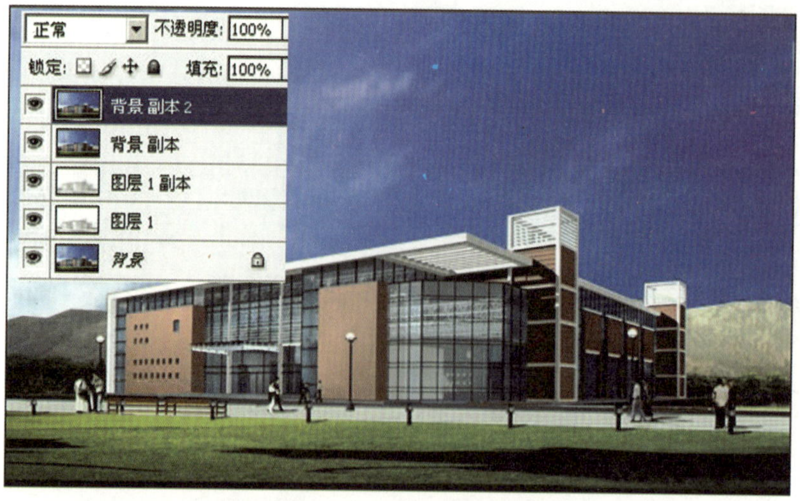

图 5-3-9　再次复制背景图层

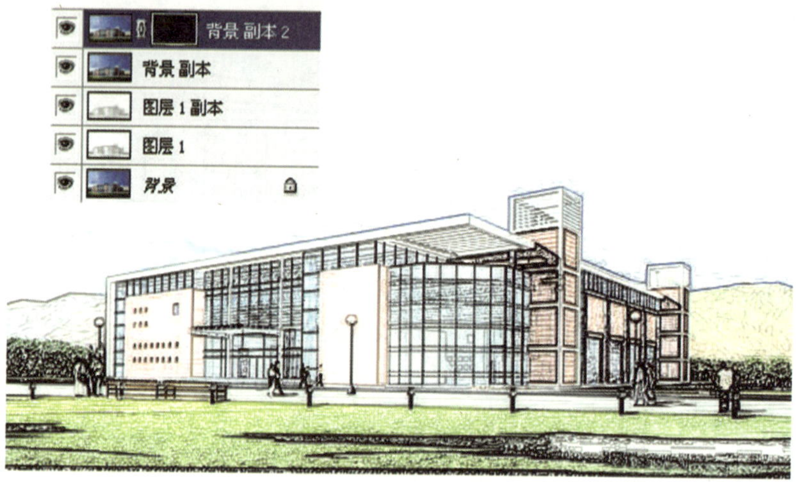

图 5-3-10　创建黑蒙版

单击设置前景色工具，前景色设置如图 5-3-11 所示。

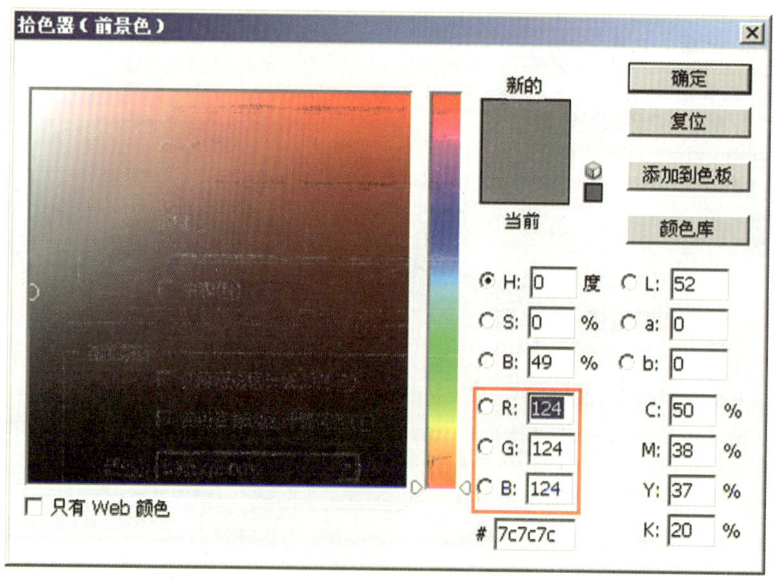

图 5-3-11　设置前景色参数

选中蒙版，按 Alt + Del 键对其上色，效果如图5-3-12 所示。

此时，可观察到天空好像又回到了之前的模样，如果对这个效果不满意，可以再次选中蒙版，执行色阶命令，参数如图 5－3－13 所示。最终效果图如图 5－3－14 所示。

注意：除了利用 Photoshop 可以制作出这种效果，还可以利用空间彩绘大师制作出更加逼真的手绘效果图，如图 5－3－15 所示。

图 5－3－12　对蒙版上色

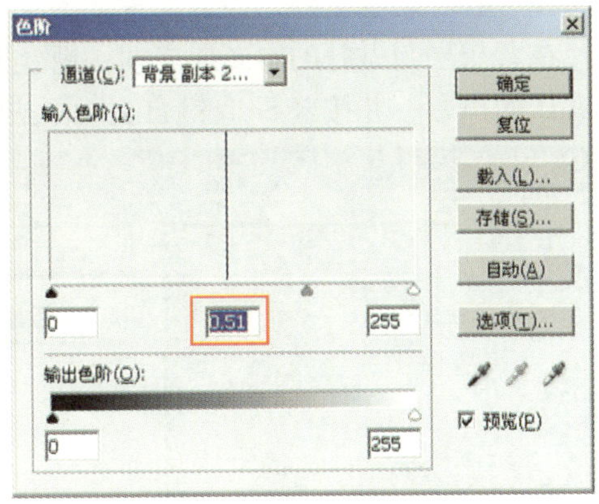

图 5－3－13　设置色阶参数

图 5－3－14　最终效果图

图 5－3－15　空间彩绘大师软件制作出的效果图

5.3.2　雨景效果图的制作

一般情况下，效果图中的建筑物体较为鲜明，但是有时也不尽相同，例如接下来将通过一个雨景的制作来看一下效果图的模糊化处理。

打开如图 5－3－16 所示的图片。

直接按 Ctrl＋J 键进行复制图层，然后在副本上进行亮度/对比度调整（“图像/调整/亮度对比度”命令），参数设置如图 5－3－17 所示。

图 5－3－16　原图

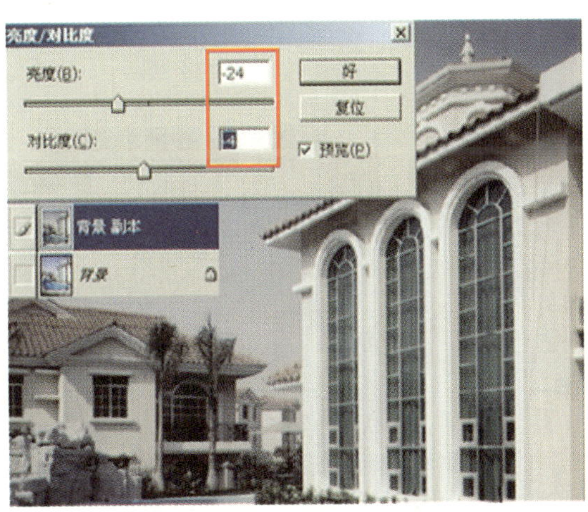

图 5－3－17　设置亮度/对比度

再次复制当前图层，在新得到的图层中使用“滤镜/像素化/点状化”命令，参数设置如图 5 - 3 - 18 所示。效果如图 5 - 3 - 19 所示。

选择当前层，执行“图像/调整/去色”命令，然后将其所在层的混合模式调整为滤色，接着调出滤镜/模糊/动感模糊，参数设置如图 5 - 3 - 20 所示。

在背景层与做好的雨滴层之间，新建图层重命名为“天空”，选择渐变填充工具，将前景色设置为默认的黑白，并按着 Shift 键自上而下进行拖动。如图 5 - 3 - 21 所示。

图 5 - 3 - 18　点状化参数设置

图 5 - 3 - 19　点状化效果图

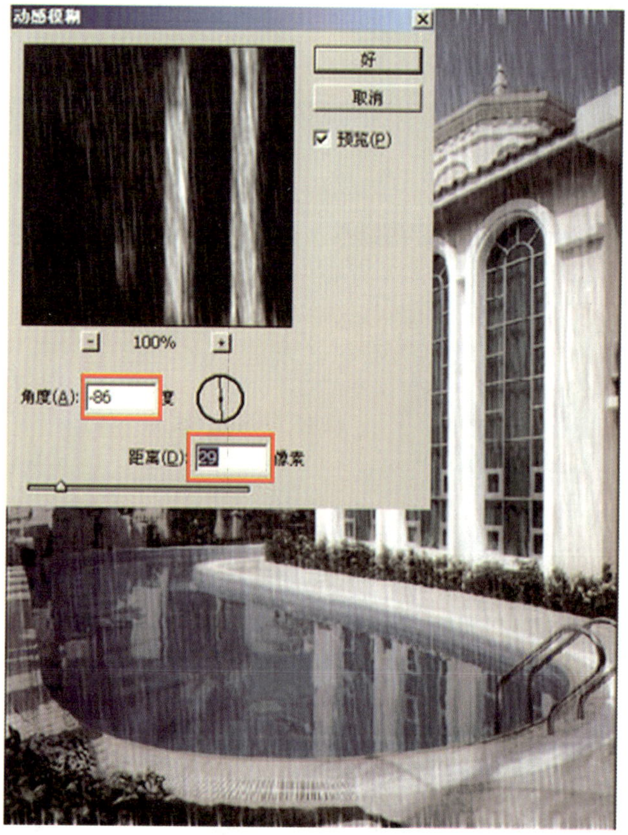

图 5 - 3 - 20　设置动感模糊参数

图 5-3-21 设置天空图层

下面要对水面的亮度进行进一步调整，再新建一层，命名为“加深”，然后将其拖拽至背景层和天空层之间，直接将图层的混合模式调整为颜色加深，并将不透明度调整为 50%，紧接着，将前景色设置为一种灰色（深浅根据需要确定），然后选择画笔工具，在水面上进行涂抹，效果如图 5-3-22所示。

图 5-3-22 涂抹水面

接下来制作水花效果。

首先将加深层与背景层合并，得到新的背景层，在新背景层上绘制正圆选区，如图 5-3-23 所示。

图 5-3-23 绘制正圆选区

执行 Ctrl + J 键进行提取，得到新的图层；在新图层里执行“滤镜/扭曲/水波”命令，参数设置如图 5-3-24 所示。

单击“确定”后，将图层的混合模式调整为滤色，按 Ctrl + T 键执行任意变形，将图形压扁，效果如图 5-3-25 所示。

此时只需要按住 Alt 键，然后拖拽出其他的水花效果即可，如图 5-3-26 所示。

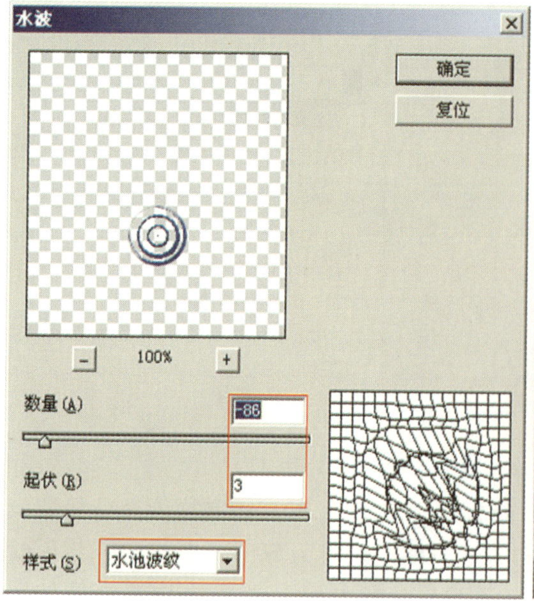

图 5-3-24　设置水波参数

图 5-3-25　制作水花效果

最后，根据当前图片颜色的特点，利用“色阶”或“色相/饱和度”命令对背景图片执行降低亮度和饱和度的操作，以达到色彩的统一，最终效果如图 5-3-27 所示。

图 5-3-26　整体效果

图 5-3-27　最终效果

图 5-3-28　非主流调整案例一

图 5-3-29　非主流调整案例二

5.3.3 非主流色调及光线调整

非主流的调整是一种近年来流行于影视后期，或婚纱照的一种处理方式，照片处理多会采用一些与传统颜色不同的方式进行修饰，使得图片具有一定的质感以及清晰、另类的光照效果。图5－3－28、图5－3－29提供了两种案例。

在效果图的处理当中，也可以利用这种偏执的颜色及色调，当然，在这里只是讲一种调整的方式，并不是说所有的非主流都可以这样调整。

打开如图5－3－30所示图片。

按两次 Ctrl＋J 键，得到两个图层副本，如图5－3－31所示。

将上面两个图层的混合模式调整为叠加，得到浓重色彩的效果。如图5－3－32所示。

图5－3－30 原图

图5－3－31 制作图层副本

图5－3－32 图层叠加

制作光线如下步骤：

在图层 1 和图层 1 副本上执行“滤镜/模糊/动感模糊”命令，参数设置如图 5－3－33、图 5－3－34 所示。

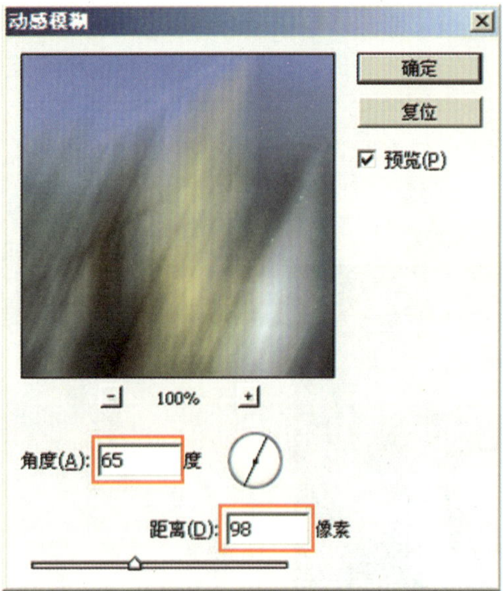

图 5－3－33　图层 1 副本

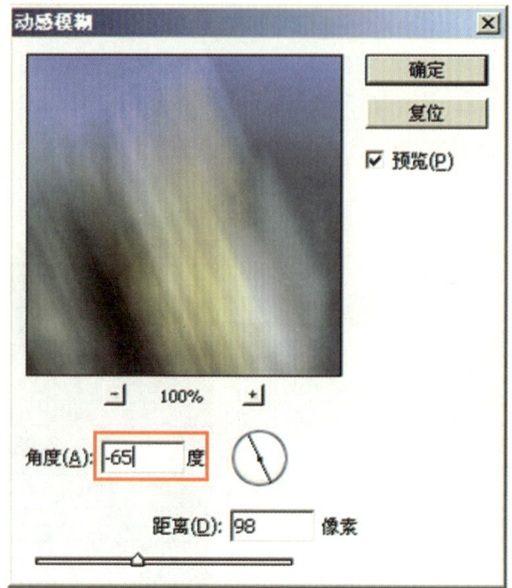

图 5－3－34　图层 1

得到如图 5－3－35 所示的效果图。

将现有所有图层进行合并，接着执行“图像/调整/阴影高光”命令，参数设置及效果如图 5－3－36、图 5－3－37 所示。

图 5－3－35　调整后效果

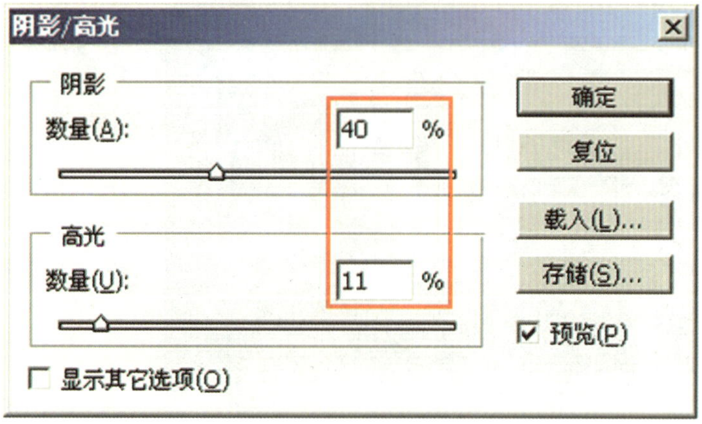

图 5－3－36　参数设置

图 5－3－37　采用阴影/高光后效果

明显看出来调整以后的效果图明暗比较得当了。

下面，按 Ctrl＋M 键，调出曲线面板，参数设置如图 5－3－38 所示。效果如图 5－3－39 所示。

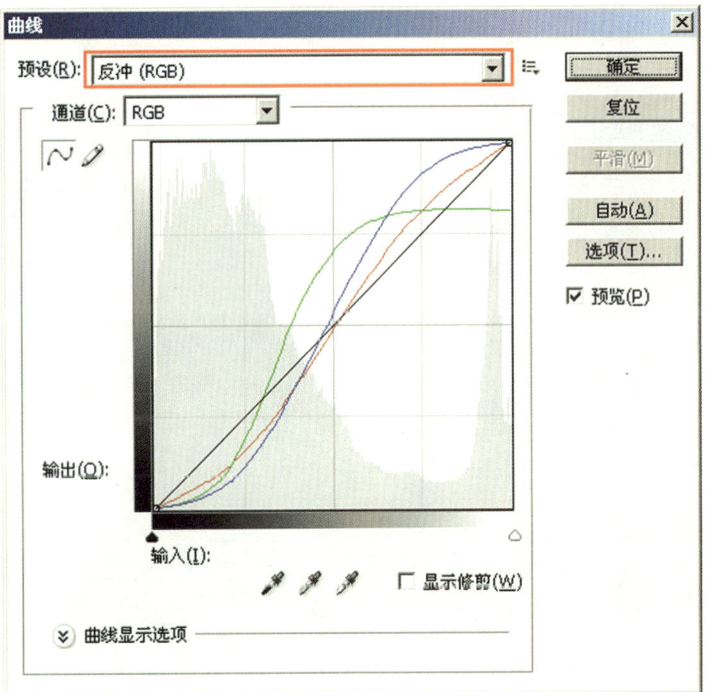

图 5－3－38　曲线参数设置

图 5－3－39　曲线调整后效果图

此时观察图片，颜色对比又出现了一些问题，再次调用“阴影/高光”命令（图 5－3－40），对图片进行调整。

最终得到光怪陆离的效果，如图 5－3－41 所示。

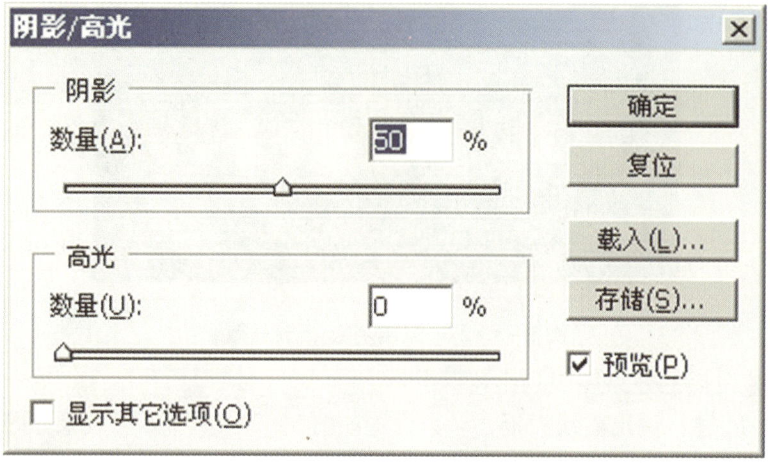

图 5－3－40　阴影/高光参数设置

图 5－3－41　最终效果图

第6章

CAD图纸的后期处理

在很多情况下，商家会将住房，或是整个小区的平面图进行整体的展示，这样做的好处是可以更直观的将室内的格局或是小区的功能区一览无遗的展示在客户眼前。而在制作平面图的时候，往往是使用 CAD 来进行操作，CAD 图本身都是单调的线，再加之很多抽象的图块，非专业人士在多数情况下摸不着头脑，因此我们为 CAD 图纸添加 Photoshop 特效处理是十分有必要的。

6.1 CAD 图纸的导出

图 6 –1 –1 所显示的 CAD 图就是我们要进行后期处理的 CAD 图纸，下面来看一下具体的导出过程。

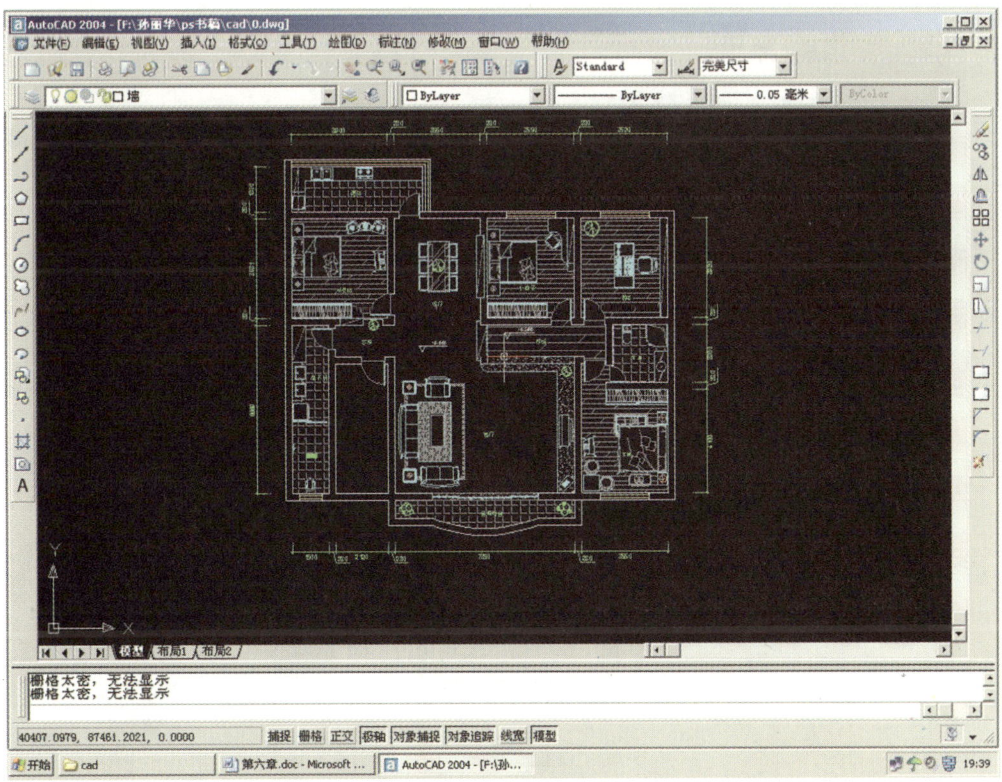

图 6 –1 –1 CAD 图

找到 CAD 文档当中的“文件/打印”，如图 6 –1 –2 所示。

弹出如图 6 –1 –3 所示对话框。

直接单击“确定”即可跳过此步骤。

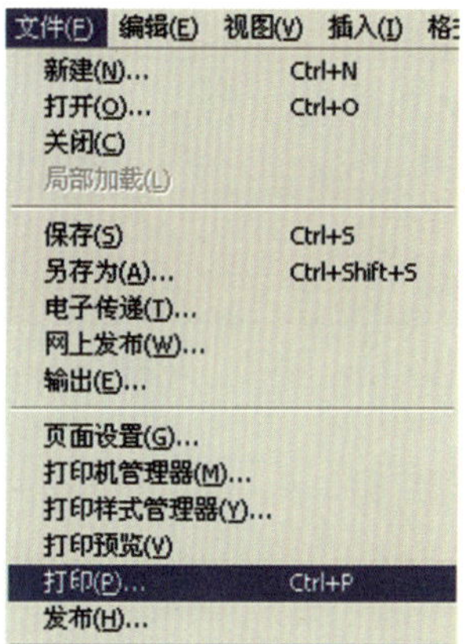

图6-1-2　打印菜单

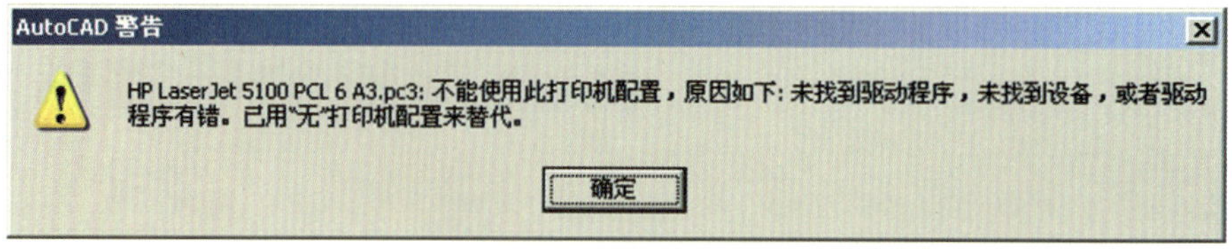

图6-1-3　警告对话框

在后来弹出的设置对话框中进行如图6-1-4所示的操作。

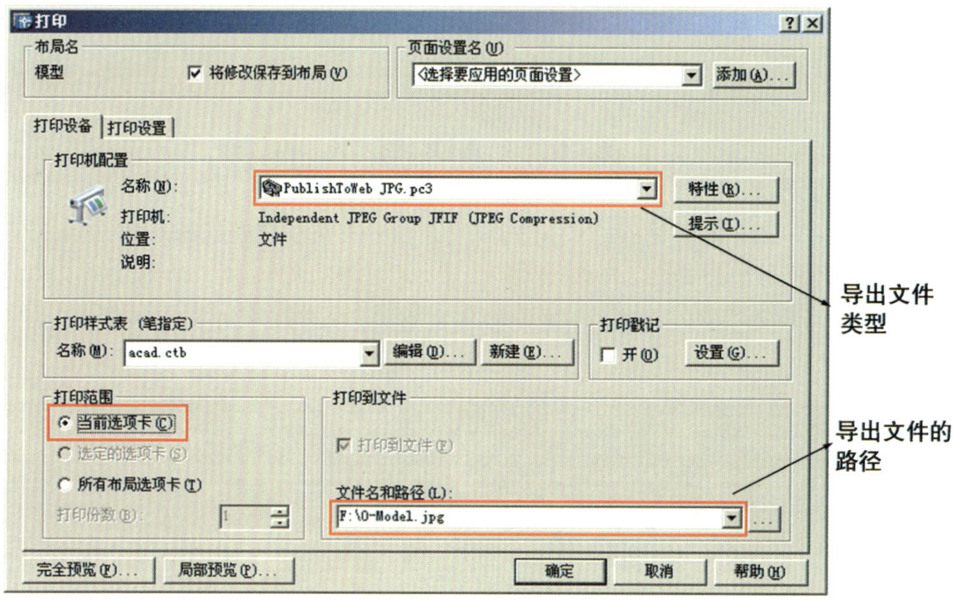

图6-1-4　打印设置对话框

注意：在选择导出文件类型时会弹出如图6-1-5所示对话框。

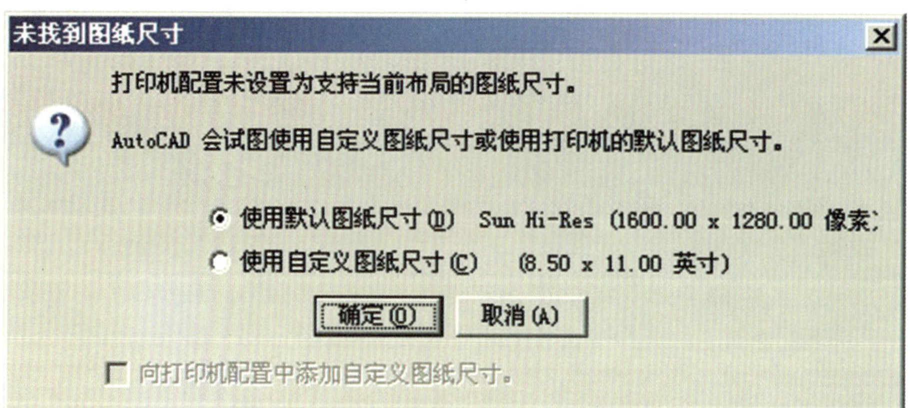

图6-1-5　导出文件类型对话框

不要进行更改，直接单击“确定”即可。

单击打印设置对话框，先单击“质量”选项，将质量调为“最大”，然后单击对话框中的窗口按钮。如图 6－1－6 所示。

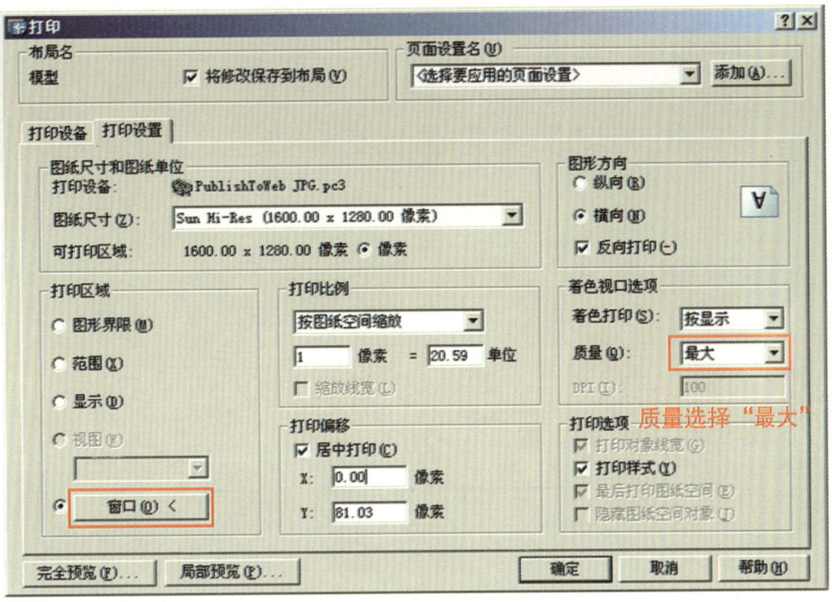

图 6－1－6　打印设置对话框

在单击完窗口按钮后，选项卡会暂时关闭，然后根据自己的需要在文档中绘制一个选取框，表明要输出这个范围的图纸。如图 6－1－7 所示。

单击“确定”后，打印输出对话框会再次弹出，此时只需要按“确定”，即可执行导出了。导出后的图片如图 6－1－8 所示。

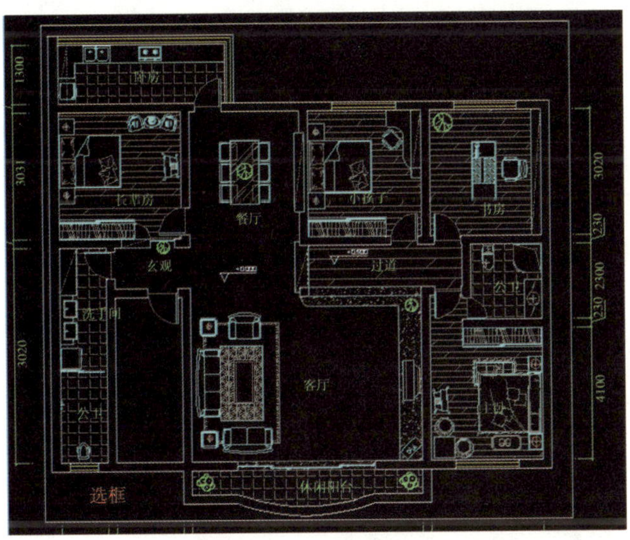

图 6－1－7　窗口选取框

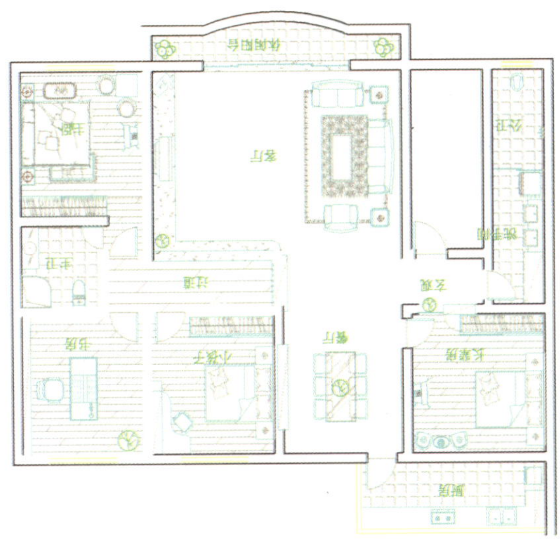

图 6－1－8　导出后图片

注意：CAD 本身是矢量图绘制的方式，即放大或缩小都不会失真，而一旦执行了导出后，矢量图变成了位图，这时，图片在放大后，一定会产生失真的问题。

6.2　用 Photoshop 进行后期处理

6.2.1　前期设定

用 Photoshop 打开刚才导出后的图片，效果如图 6－2－1 所示。

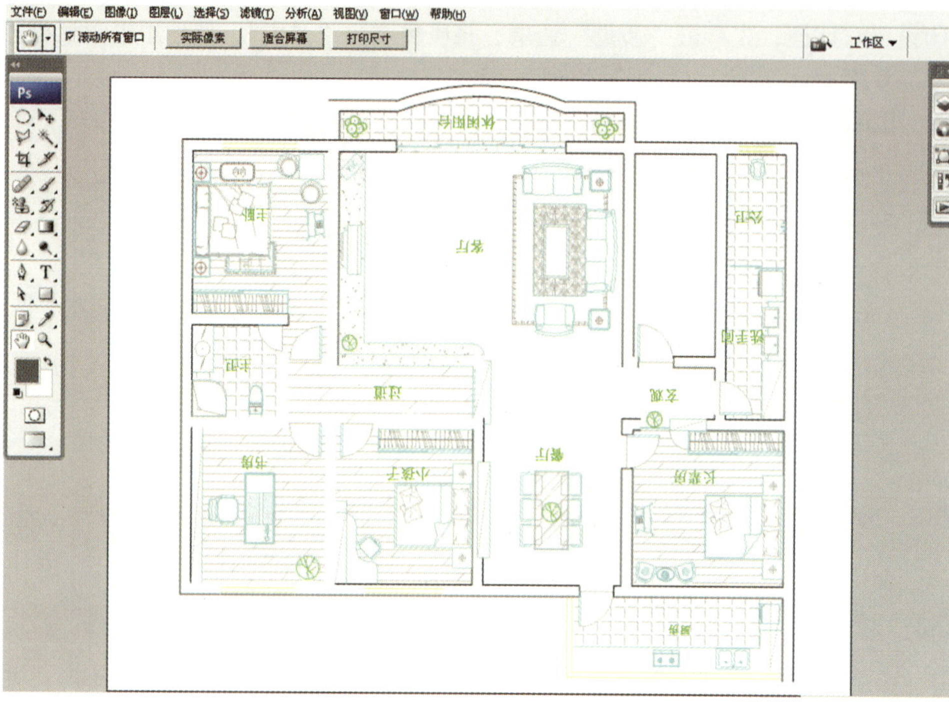

图 6－2－1　在 Photoshop 中打开导出图片

很明显，导出的图纸是颠倒的，所以进入 Photoshop 后的第一件事情就是将颠倒的图纸正过来。

找到“图像/旋转画布/垂直翻转画布”，如图 6－2－2 所示。

这样就可以将图片进行翻转。

6.2.2　为图片中的墙体上色

在导出的时候，由于变为位图，故很多线条可能不能精确导出，所以需要将其进行修复。

首先，新建一层，重命名为墙体，然后选择钢笔工具，沿着图纸中的墙体线进行绘制，效果如图 6－2－3 所示。

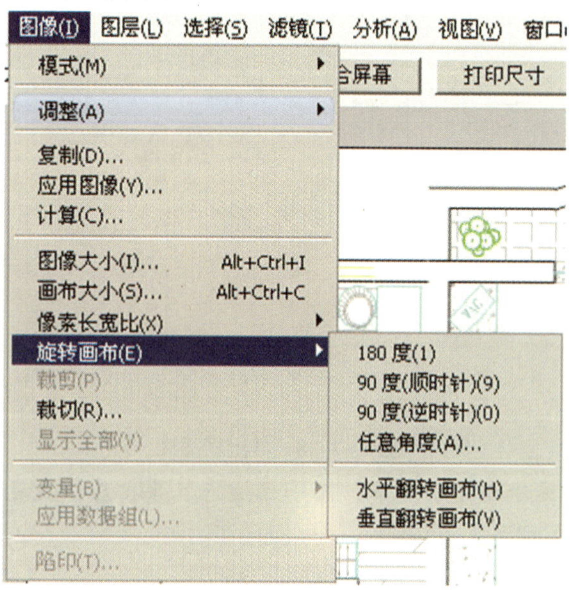

图 6－2－2　旋转画布

图 6－2－3　绘制墙体

此时，按键盘上的 Ctrl + Enter 键，将其转换为选区，如图 6－2－4 所示。

将前景色调整为一种较深的灰色，如图 6－2－5 所示。

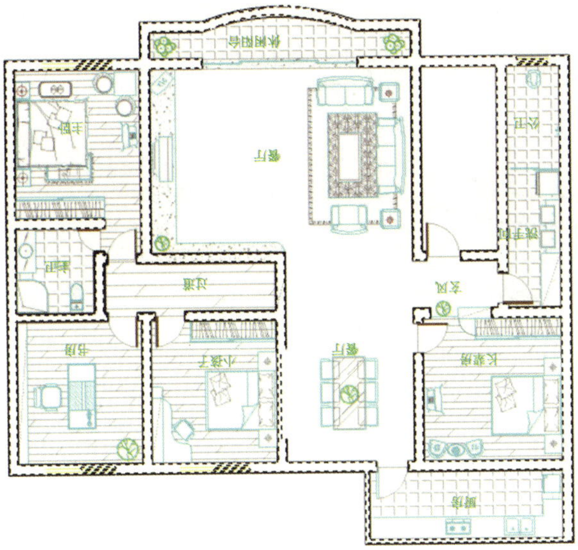

图 6－2－4　载入选区后

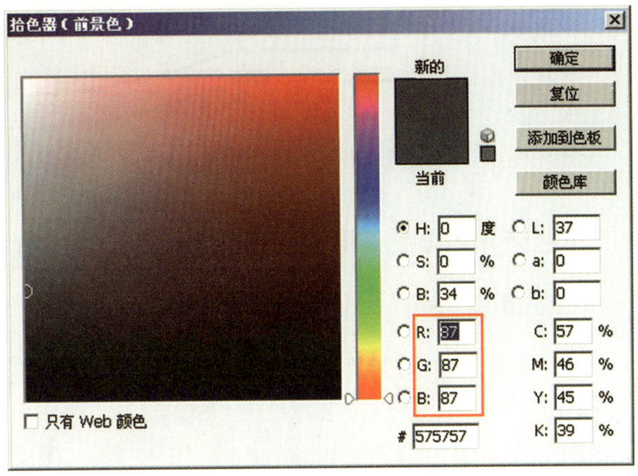

图 6－2－5　调整前景色

执行键盘上的 Alt + Del 键，为其选区填充前景色，效果如图6－2－6 所示。

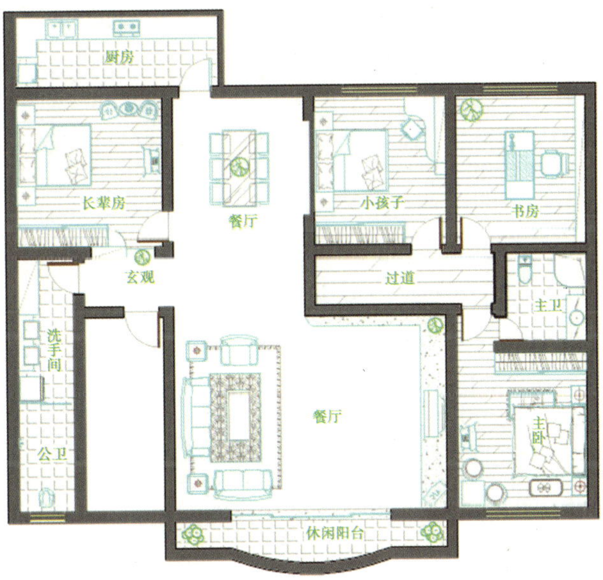

图 6－2－6　填充前景色

6.2.3　为各房间添加不同的地面效果

首先绘制如图 6－2－7 选区，以添加阳台的地面。

将地砖贴图拖入到场景中，如图 6－2－8 所示。

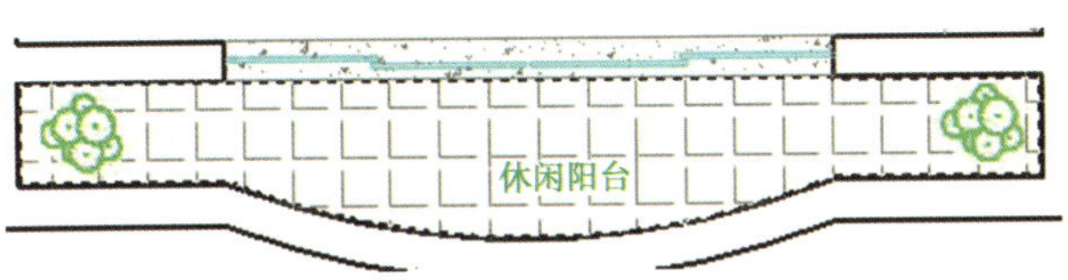

图 6－2－7　绘制阳台选区

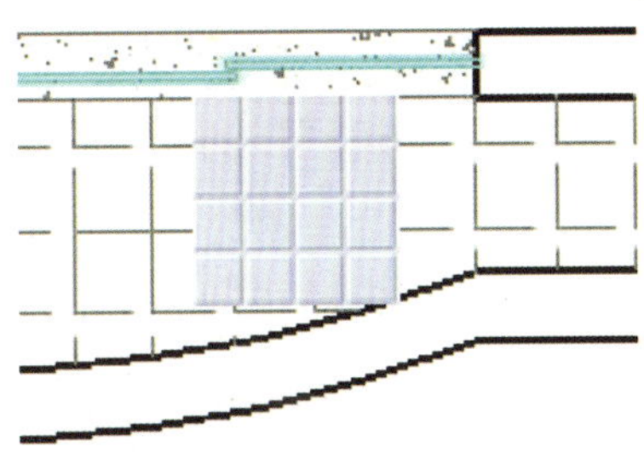

图 6－2－8　将贴图拖入场景中

很明显贴图的大小不合适，此时，可以按住键盘上的 Alt 键，然后执行拖动且复制，将不够的地方进行补足，将多余的部分按照选区进行删除，效果如图 6－2－9 所示。

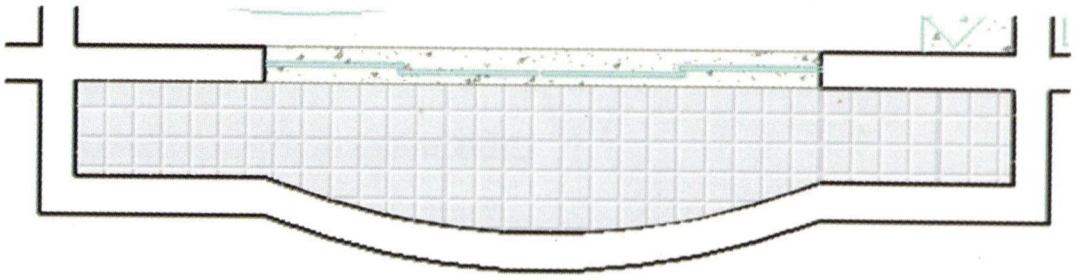

图 6－2－9　调整贴图

按照同样的方法，将其他几个房间的地面进行如图 6－2－10 的美化。

图 6－2－10　美化房间

注意：由于图像比较复杂，所以使用到了多个图层，故可以建立一个层文件夹，即“组”，将相关联的图层进行统一管理，如图 6－2－11 所示。

6.2.4　为各个房间的家具上色

首先，先将“地面”这个图层文件夹进行隐藏，以有利于今后的编辑。

将整个画面放大到最右下方的房间，然后执行下一步的操作。

选择钢笔工具在床上靠枕的位置上绘制如图 6－2－12 所示选区。

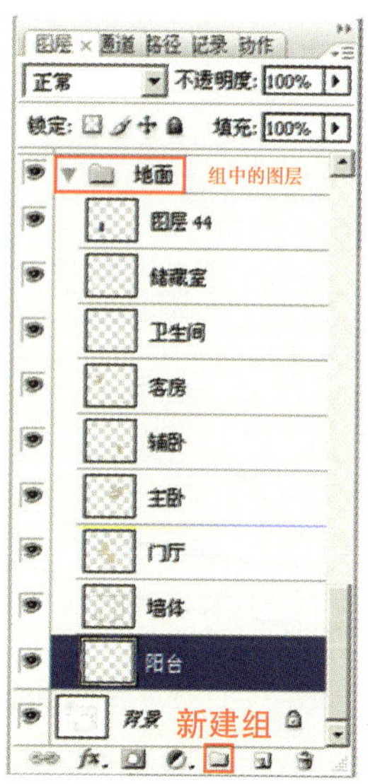

图 6－2－11　层文件夹

图 6－2－12　制作靠枕选区

新建图层，重命名为“靠枕1”；将前景色改为深黄色，在新建的图层直接按 Alt + Del 键执行填充。如图 6－2－13 和图 6－2－14 所示。

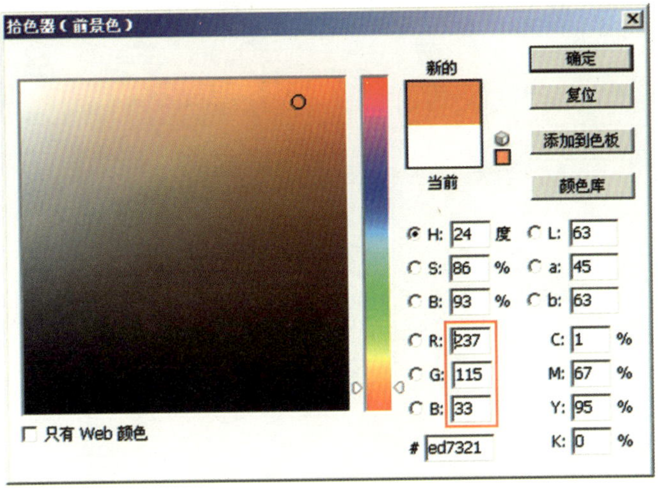

图 6－2－13　前景色设置

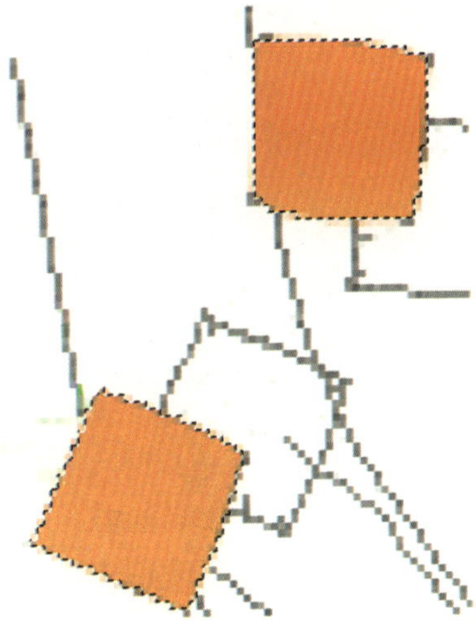

图 6－2－14　填充后的效果

双击该层的图层缩略图，可以弹出图层样式面板，下面的几乎所有操作都要依赖这个工具面板才可以进行。

调出面板后，参数设置如图 6－2－15 所示。

注意：在想执行操作的时候，如果只是应用其默认设置，只需要单击复选框，若要自行设置其参数值，一定要保证其选中选项，即呈现出上图的深蓝色色调。

制作“床”的选区，效果如图 6－2－16 所示。

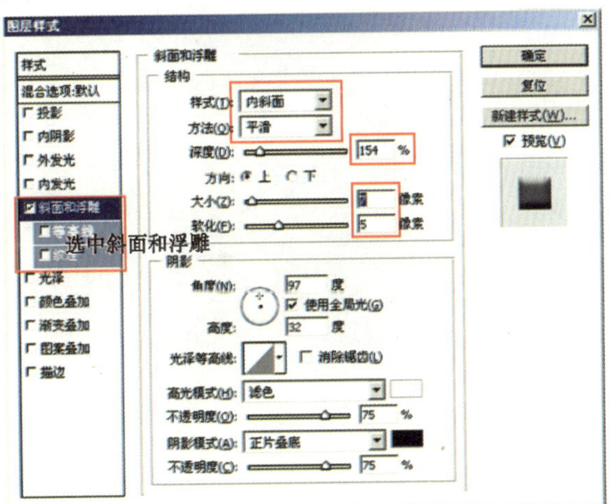

图 6－2－15　设置图层样式参数

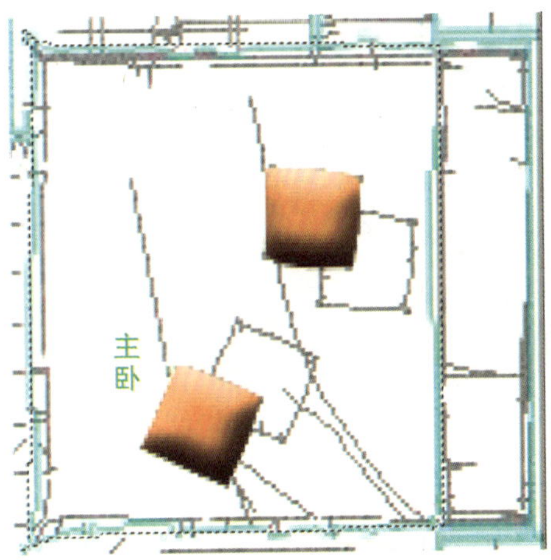

图 6－2－16　制作“床”选区

新建图层，重命名为“床”在新建的图层上填充一种淡黄色，效果如图 6－2－17 所示。

按键盘上的 Ctrl + D 键取消选区。

右击刚才制作的靠枕的图层，在弹出的菜单中选择“拷贝图层样式”，如图 6－2－18 所示。

再次右击“床”所在的层，选择“粘贴图层样式”，得到图 6－2－19所示的效果。

通过这种方式，可以得到效果相同的图层样式。

图 6－2－17　填充“床”图层

6.2.5　制作地毯的效果

选择一种地毯样的贴图，将其拖入到画布中来，然后进行一定的缩放，放置在合适的位置，如图 6 -2 -20 所示。

按照上面的方法，将其他的家居物品进行上色，得到如图 6 -2 -21 所示效果。

图 6 -2 -18　拷贝图层样式

图 6 -2 -19　粘贴图层样式

图 6 -2 -20　放置地毯贴图

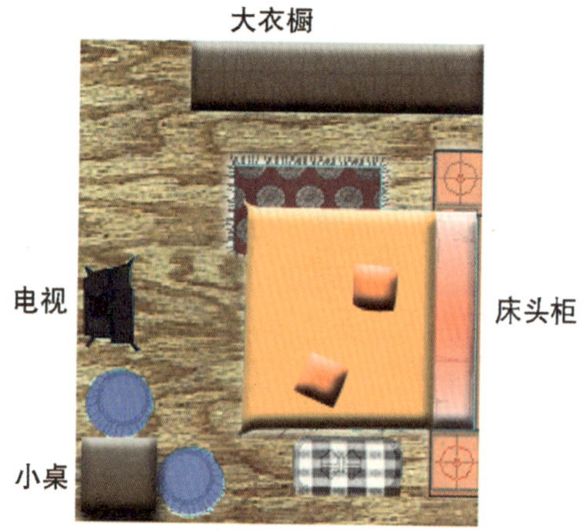

图 6 -2 -21　家居物品上色

6.2.6　制作客厅中的物件

客厅中的物件摆放如图 6 -2 -22 所示。

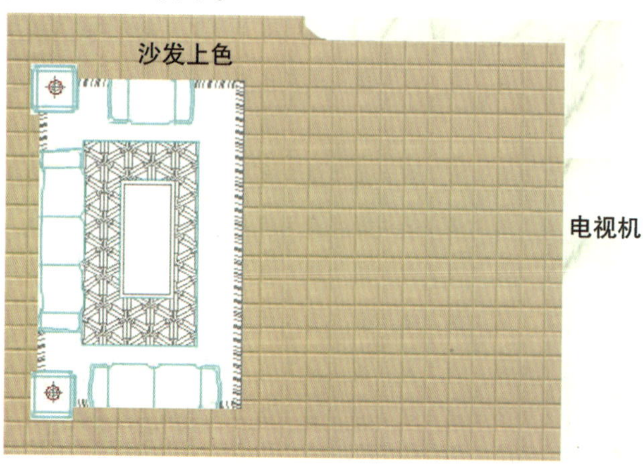

图 6 -2 -22　客厅物件摆放位置

采用上面介绍过的制作靠枕和地毯的方法，添加沙发和客厅的地毯（图 6－2－23）。

接下来添加电视机柜和电视。绘制如图 6－2－24 的选区。

然后拖拽相应的素材进入画布，并按照选区反选后，将多余部分删除，得到如图 6－2－25 所示效果。

图 6－2－23　添加沙发和地毯

图 6－2－24　绘制电视机柜选区

图 6－2－25　电视机柜效果

在添加的电视机柜层上新建一层，利用钢笔工具绘制出选区后，进行不同区域颜色的调整，效果如图 6－2－26 所示。

6.2.7　制作餐厅部分

（1）制作饭桌椅效果。

餐厅饭桌 CAD 导出位图如图 6－2－27 所示。

餐厅的饭桌是透明的物体，故在制作的时候，应该反映出其透明状态。利用钢笔工具，绘制如图 6－2－28所示选区。

图 6－2－26　电视机效果

图 6－2－27　餐厅饭桌未处理前

图 6－2－28　绘制饭桌选区

然后按 Ctrl＋J 键，将选区内的物体进行提取；接着利用同样的方法制作椅子的选区，效果如图 6－2－29 所示。

按 Ctrl＋J 键进行提取。

保证提取的椅子所在的图层在刚才提取的桌子的下方，然后将前景色调整成黑色，执行填充。

将桌子所在的层的不透明度调整为 50%，效果如图 6－2－30 所示。

（2）制作暖气效果。

将画面转移到餐厅的右边，红色部分就是需要绘制暖气的地方。如图 6－2－31 所示。

图 6－2－29　制作椅子选区

图 6－2－30　饭桌椅效果

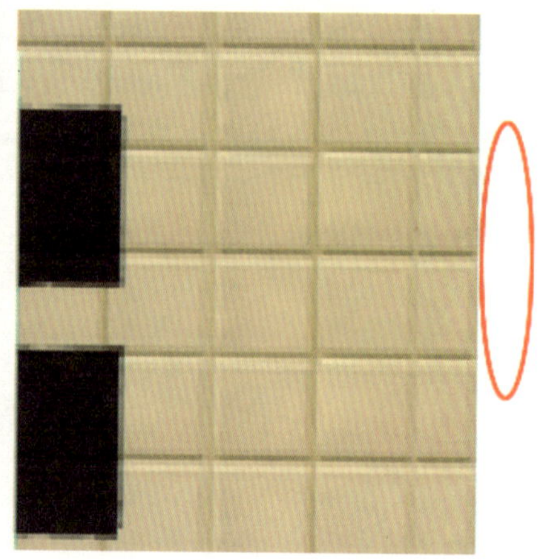

图 6－2－31　暖气位置

选择 工具，按住鼠标左键在其位置上不动，弹出子菜单，选择菜单中的圆角矩形工具，如图 6－2－32所示。

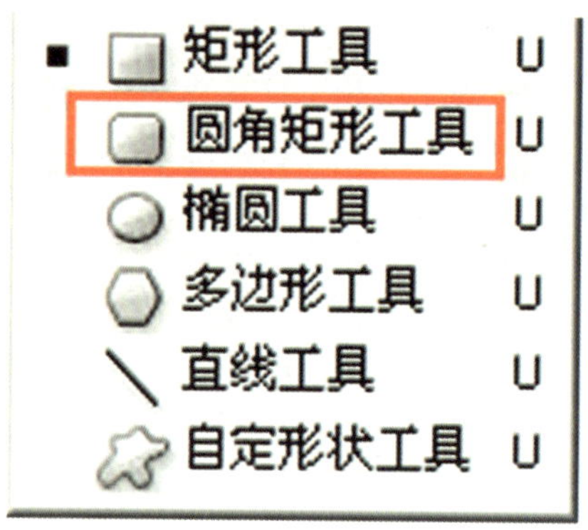

图 6－2－32　选择圆角矩形工具

在上方的选项中，将半径更改为 20px（像素），绘制圆角矩形，如图 6－2－33 所示。

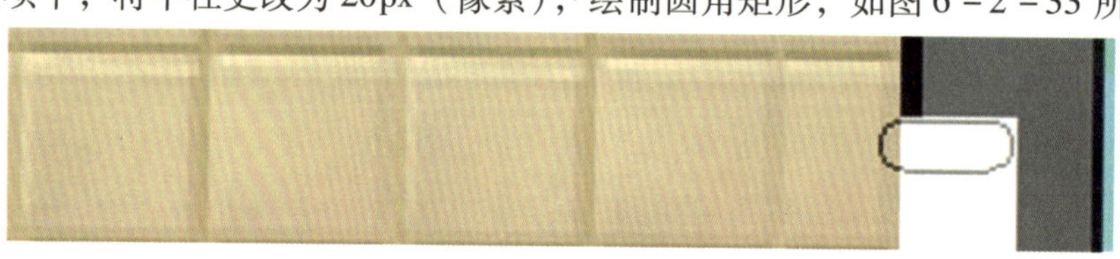

图 6－2－33　绘制圆角矩形

按 Ctrl＋Enter 键将其变为选区，然后填充一种灰色，如图 6－2－34 所示。

按 Ctrl＋Alt＋T 键，将复制出的对象移动到下方，如图 6－2－35 所示。

图 6－2－34　填充灰色

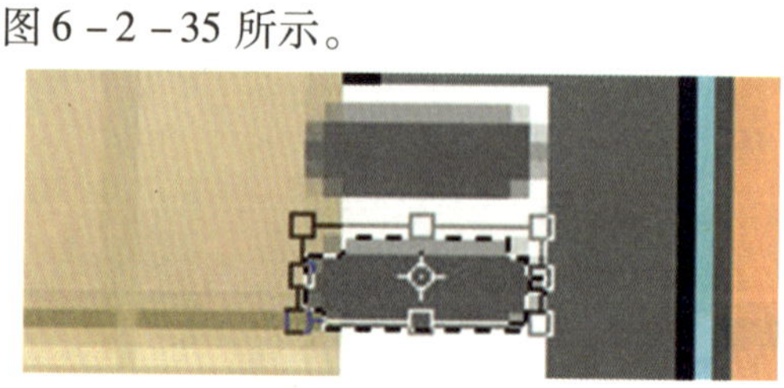

图 6－2－35　复制

按回车键以确定编辑。

不要执行任何操作，直接按住键盘上的 Ctrl＋Alt＋Shift 键，连续按 T 键，可以得到如图6－2－36 所示效果。

执行“图层样式”命令中的“斜角”，得到如图 6－2－37 所示效果。

图 6－2－36　连续复制后效果

图 6－2－37　执行“图层样式”命令中的“斜角”

利用同样的方法制作出其他暖气片的效果，如图 6－2－38 所示。

图 6－2－38　制作其他暖气片

整个 CAD 效果图的制作就是在不停地添加图层、上色拖拽贴图和利用图层样式进行立体效果的制作。接下的工作就是一些重复性操作，只要保证色彩和贴图到位即可。

调整以后的效果如图 6－2－39 所示。

图 6－2－39　最终效果

第7章

园林景观图的处理

前面已经讲解了很多关于室内外装饰设计的案例，下面就室外景观的后期处理进行简单的讲解。图7－0－1展示了处理前后的比照。

图7－0－1 处理前后的对比

利用之前讲过的在3D Max中导出文件的方法，对要制作的景观图进行导出，效果如图7－0－2所示。

之后，就是准备好要进行后期处理的素材，图7－0－3是将要用到的一部分素材。

图 7－0－2　导出景观图

图 7－0－3　各类素材

7.1　引　入　模　型

由于在 3D Max 中导出的 tif 格式图片本身带有一个 Alpha 通道（图 7－1－1），所以可以直接利用现有通道载入选区。

图 7－1－1　通道面板中的 Alpha 通道

7.1.1　载入选区

将面板切换至通道面板，按住 Ctrl 键单击现有的通道，以得到选区。

7.1.2　提取物体

载入通道后，回到图层，按 Ctrl＋J 键，对选区的物体进行提取，得到如图 7－1－2 所示效果。

7.1.3　拖入天空背景

将天空背景拖入到画布中，并将其移动到新图层的下方，如图 7－1－3 所示。

图 7－1－2　提取物体

图 7－1－3　拖入天空背景

7.2 添加配景

7.2.1 加入远景素材

将事先准备好的远景素材拖入到场景中，效果如图7－2－1所示。

图7－2－1 拖入远景素材

7.2.2 补充草地

将左、右下方的图片再次用草地进行补充，得到如图7－2－2所示的效果。

此时，很容易看出问题，就是木质的桥面被遮盖住了。

7.2.3 选择木质桥梁

将刚才添加的植物执行隐藏操作，露出原来的木质桥梁，然后利用钢笔工具为其制作精细的选区，如图7－2－3所示。

图7－2－2 补充草地

图7－2－3 制作桥梁选区

注意：由于选区比较复杂，所以在选择钢笔工具后，应尽量一气呵成地将选区制作出来，要将选项中的加选区（图7－2－4）选项选中。

图7-2-4　选择“加选区”选项

使用钢笔工具绘制完路径后，直接按键盘上的 Ctrl + Enter 键，可以做到一次性载入选区。

7.2.4　提取桥梁

按 Ctrl + J 键，直接进行提取，并将桥面所在的图层拖动到最上方，如图7-2-5所示。

7.2.5　添加雾气效果

下面直接为当前景观天空部分添加雾气的效果，在所有现有图层的上方新建图层，选择工具面板中的渐变工具，单击选项中的面板，将颜色调整为图7-2-6所示。

图7-2-5　提取桥梁

图7-2-6　新建图层并调整颜色

按住 Shift 键执行自上而下地拖拽，得到适合的位置后将其图层混合模式调整为“柔光”，效果如图7-2-7所示。

7.2.6　添加河流及水面

将河流素材拖拽至场景（图7-2-8）。

图7-2-7　添加雾气效果

图7-2-8　拖入河流素材

按键盘的 Alt 键并且单击创建蒙版按钮，为其添加一个黑色蒙版，然后选择画笔工具（前景色调成纯白色）在需要显示的地方进行简单的涂抹（图 7－2－9）。

依照上述方法，将其余的素材也拖拽至需要放置水面的地方，效果如图 7－2－10 所示。

图 7－2－9　画笔在蒙版上涂抹

图 7－2－10　拖入其他素材

制作此处时，一定要让水面和陆地有很自然地过渡，在对蒙版进行涂抹的时候，必须将画笔的硬度尽量降低，以实现过渡阶段的羽化处理。

7.2.7　添加植物

为场景添加更多细节的植物部分，在拖拽的过程中一定要十分留意图层的位置关系，得到如图 7－2－11 所示效果图。

7.2.8　添加花朵

为图片添加花朵的效果（图 7－2－12）。

图 7－2－11　添加植物

图 7－2－12　添加花朵

7.2.9　制作飘雾效果

在所有现有图层的基础上新建图层，然后选择画笔工具，并将前景色调整为一种较深的黄色，任意绘画，绘制到合适为止，将图层的不透明度调整为 40%，得到如图 7－2－13 所示图像。

图 7－2－13　飘雾效果

7.2.10 添加人物

为场景中添加人物效果，如图 7-2-14 所示。

观察图片，不难发现，场景中的光照效果比较死板，接下来对场景的光线进行细致入微的调整。

7.2.11 调节光线

新建图层，在新的图层上利用渐变工具绘制由下至上分别为由黑到透明的渐变，并将不透明度调整为 50%（图 7-2-15）。

如果觉得还是不太够，可以再新建一个图层，利用黑色的画笔进行涂抹，然后根据需要将其不透明度进行调整。如图 7-2-16 所示。

7.2.12 调整亮度

利用上面提到的方法，对图片中的其他地方进行亮度的调整（图 7-2-17）。

图 7-2-14 添加人物效果

图 7-2-15 运用渐变工具调节光线

图 7-2-16 进一步调整

图 7-2-17 调整亮度

注意：在控制颜色明暗时，可以用色阶或是曲线直接对某个层进行调节，但是前提必须是素材不在同图层；如果为了方便将所有相关素材合并到统一的图层上，就应该利用新建图层，添加各种明暗颜色并设置其混合模式和不透明度，以达到合适的效果。

7.2.13 调整整体色调

图片调整到这个程度，始终比较暗，下面利用曲线工具对其整个图层的明暗进行调节。单击层面板上的“创建新的填充或调整图层”按钮 ◐，在弹出的菜单中选择曲线命令，在弹出的对话框中设置如图 7-2-18 所示参数。

得到的效果如图 7-2-19 所示。

再次单击层面板的“创建调节层”按钮，参数设置及效果如图 7-2-20、图 7-2-21 所示。

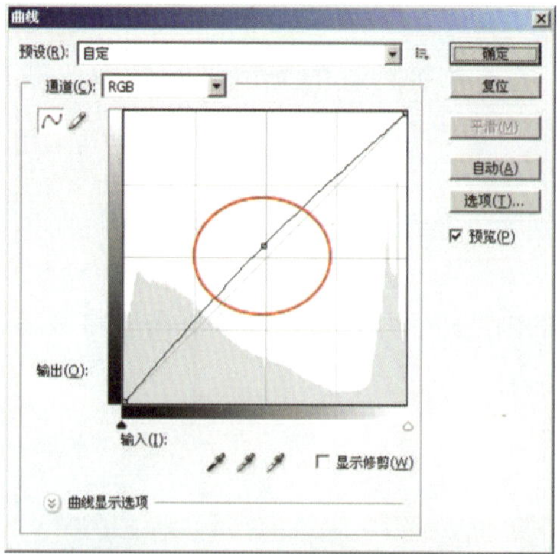

图 7－2－18　设置曲线参数

图 7－2－19　整体调整后效果

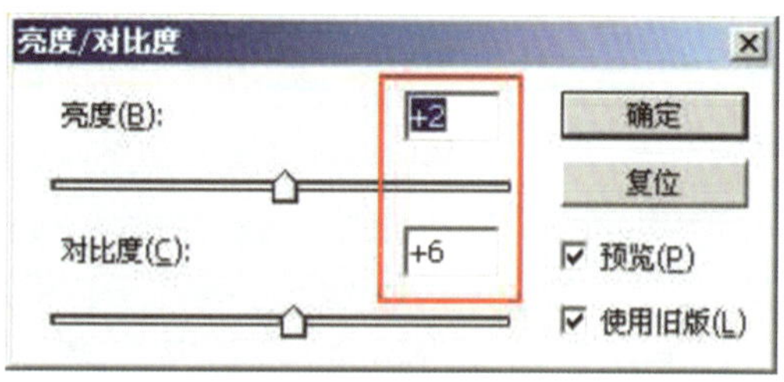

图 7－2－20　设置亮度/对比度参数

图 7－2－21　调整后效果

最后，可以再次新建图层，将其填充为一种暖黄的色调，并将图层混合模式调整为柔光，如图 7－2－22 所示。

图 7－2－22　再次调整色调和光线

7.2.14 收尾工作

再次整体观察图片，对其细节进行修改，得到最终的效果图（图 7－2－23）。

图 7－2－23　最终效果图

第8章

环艺效果图版式设计

版式设计是现代设计艺术的重要组成部分，是视觉传达的重要手段，在效果图出现的最初阶段，设计师只需要将自己所要表达的建筑思想表现出来就可以了，而随着广告行业的不断发展，效果图行业竞争的日益激烈，广告设计，这里特指的是大型的招贴宣传广告越来越引起了人们的关注，它不仅是一种设计师现今必备的技能，更是实现经济价值与艺术价值统一的不可或缺因素。版式设计可以说是现代设计者所必备的基本功之一。

8.1　版式设计基础

8.1.1　版式设计的概念

所谓版式设计，就是在版面上，将有限的视觉元素进行有机的排列组合；将理性思维个性化地表现出来；是一种具有个人风格和艺术特色的视觉传送方式。其在传达信息的同时，也产生感官上的美感。版式设计的范围，涉及到报纸、刊物、书籍（画册）、产品样本、挂历、招贴画、唱片封套和网页页面等平面设计各个领域，同时也包括其他的需要在有限空间内表达创意及获得收益的广告等。

版式设计的原则就是让观看者在享受美感的同时，接受制作者想要传达的信息。最终目的是使版面产生清晰的条理性，用悦目的组织来更好地突出主题，达到最佳诉求效果。

8.1.2　版式设计的原则

8.1.2.1　主次得当

（1）按照主从关系的顺序，使放大的主体形象作为视觉中心，以此表达主题思想。将文案中的多种信息作整体编排设计，有助于主体形象的建立。在主体形象四周增加空白量，使被强调的主体形象更加鲜明突出。

（2）强化整体布局。将版面的各种编排要素在编排结构及色彩上作整体设计。

（3）加强整体的结构组织和方向视觉秩序，如水平结构、垂直结构、斜向结构、曲线结构。

（4）加强文案的集合性。将文案中的多种信息合成块状，使版面具有条理性。

（5）加强展开页的整体性，无论是产品目录的展开版，还是跨页版，均为同一视线下展示，因此，加强整体性可获得更良好的视觉效果。

8.1.2.2　图文并茂

文字是版式设计中的重要构成部分，图文永远是不可分家的，这就要求任何设计都要有文字说明，即对一些不太容易直观反映出来的图像内容进行详细的说明。但是受到版面限制，毕竟进行排版的最主要目的是反应建筑的美感，所以文字要有，但不易多。应记住一个原则，文字永远是起辅助作用，这样就可以不出现一些低级错误。

8.2　版式设计实例分析

8.2.1　素材的准备

作为制作展板的素材，主要有以下几个方面：主体效果图、各个重要的功能分区、从图纸到效果图的过程，当然，还可以有些装饰性的图样，如图 8－2－1、图 8－2－2 所示。

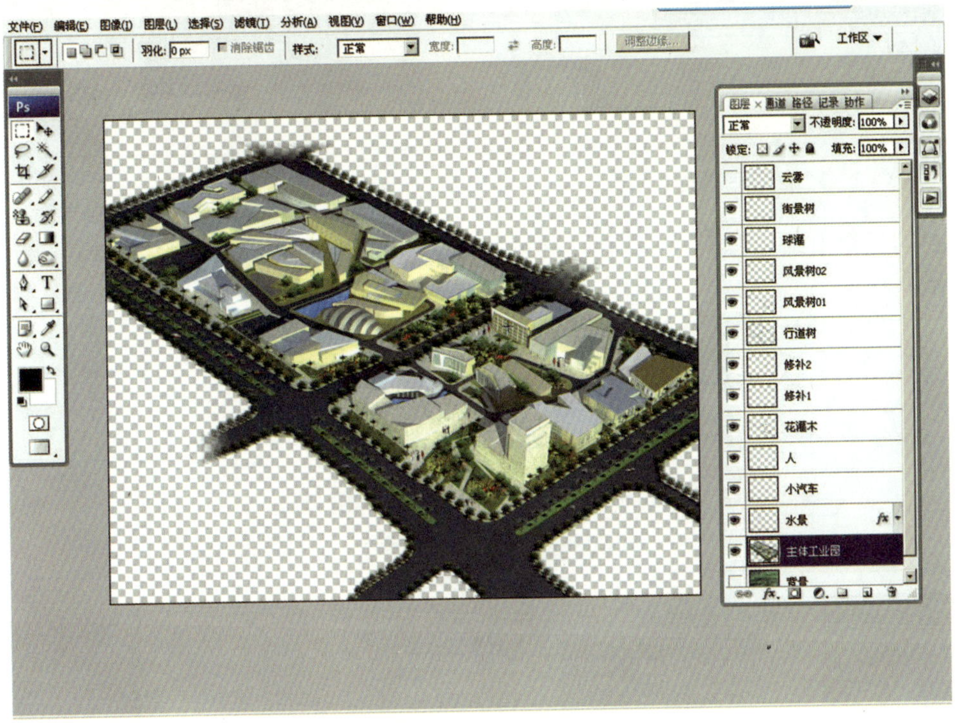

图 8－2－1　主体鸟瞰效果图

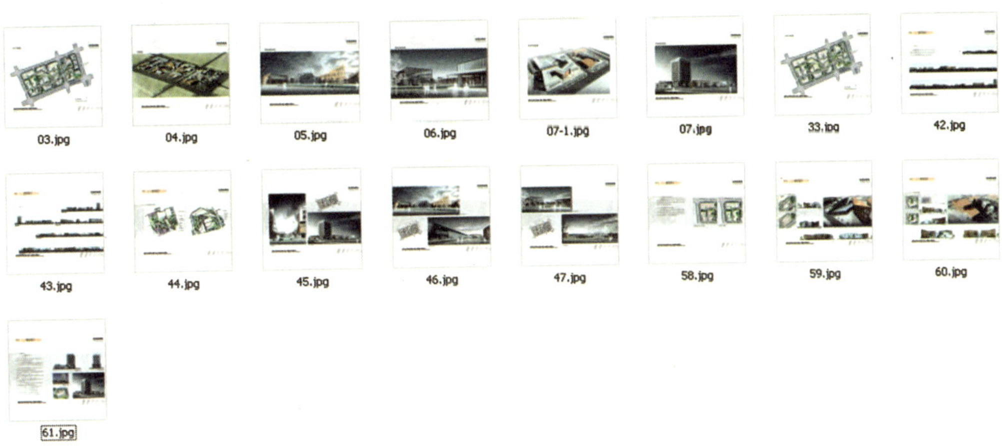

图 8－2－2　重要功能分区、装饰性图样等素材

8.2.2　版面的设计

8.2.2.1　版面设定

首先，新建版面，版面的建立要根据元素的多少来控制大小，否则会出现失真。新建画布，参数如图 8－2－3 所示。

再次新建文档，大小定到 30×30，直接按 Ctrl + A 键进行全选，执行填充前景色的操作。如图 8－2－4、图 8－2－5 所示。

执行“选择/修改/收缩”命令，如图 8－2－6 所示。

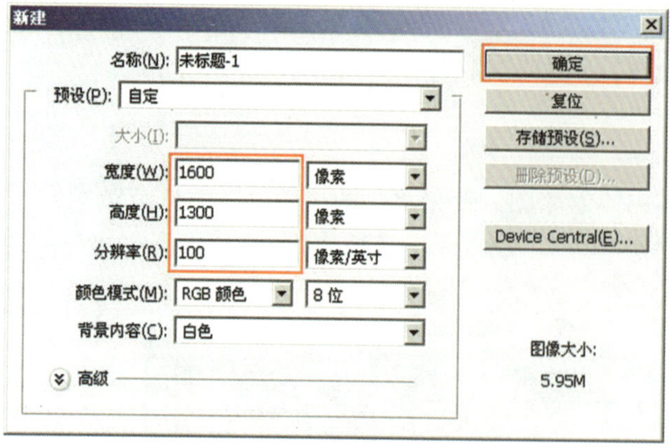

图8－2－3　新建画布（版面）

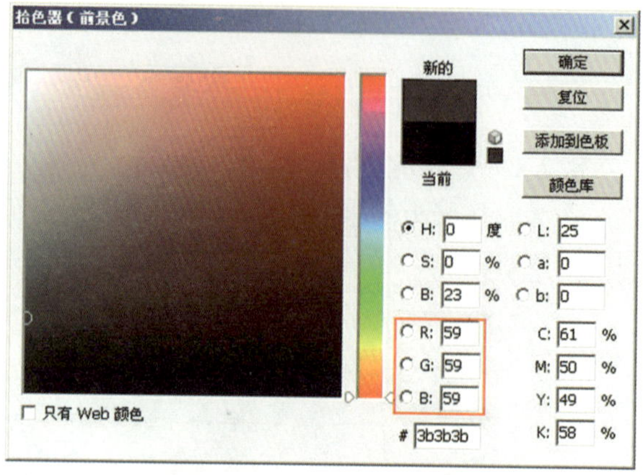

图8－2－4　填充前景色

在弹出的对话框中设置数值为1，然后将前景色调整为一种较浅的灰色，执行填充，效果如图8－2－7所示。

图8－2－5　填充的效果

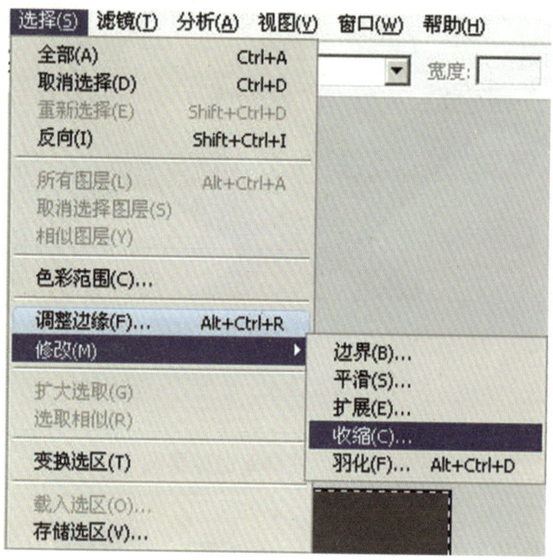

图8－2－6　执行选区收缩命令

图8－2－7　收缩后填充

再次按Ctrl＋A键进行全选，执行“编辑/定义图案”命令，并在弹出的对话框中进行命名，至此，这个文件的编辑到此结束，关闭此文件即可。

回到正式版面中，选择油漆桶工具 ，并在上面的选项板上设置如图8－2－8所示参数。

图8－2－8　设置参数

最主要的是填充选项一定要选择刚才定好的图案。

在页面中单击，得到图8－2－9效果。

利用选区工具分别在上下方制作选区，将其填充为黑色，如图8－2－10所示。

制作两个黑色区域的目的是为了以后放置题目以及落款使用。

8.2.2.2　安排主体图

将原有准备好的鸟瞰图打开，按Ctrl＋A键全选，执行“编辑/合并拷贝”命令，将所有层中的物体全部拷贝下来，切换到板式设计文档，执行“粘贴”命令，效果如图8－2－11所示。

按Ctrl＋T键，对其进行缩小操作，并将其放置到适合的位置，如图8－2－12所示。

图 8－2－9　填充后效果

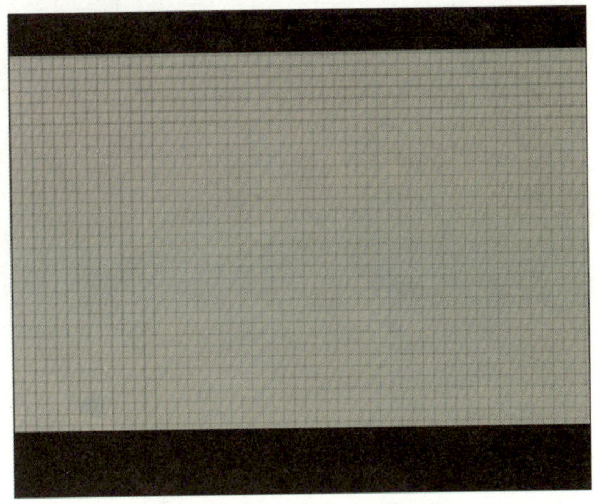

图 8－2－10　上下方留黑边

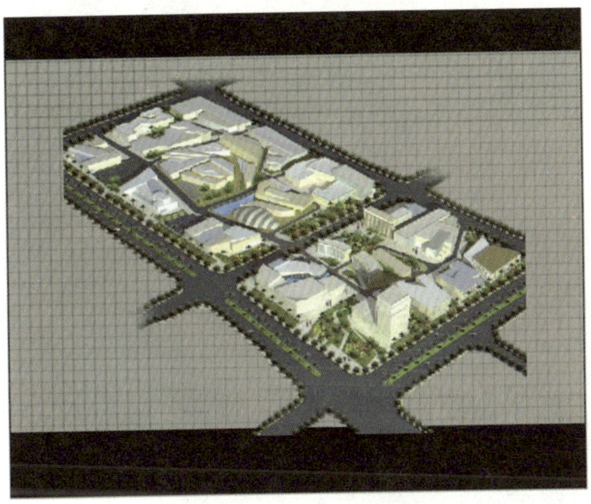

图 8－2－11　粘贴鸟瞰图

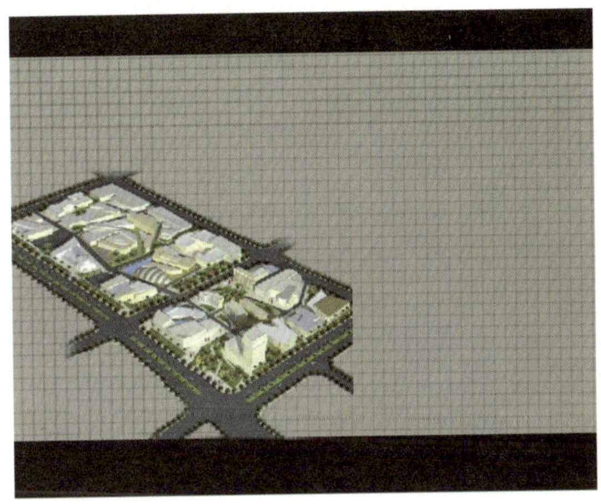

图 8－2－12　调整鸟瞰图

8.2.2.3　设置装饰分割线

按 Ctrl＋R 键，调出标尺工具，在上方按住鼠标左键不放，拖拽出一条辅助线，如图 8－2－13 所示。

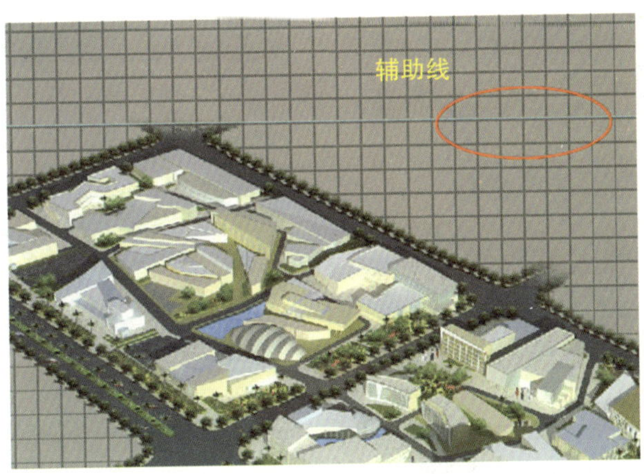

图 8－2－13　拖拽出辅助线

根据辅助线的提示，利用钢笔工具绘制一条路径，然后选择画笔工具（B 键），将画笔选项中的参数值设置如图 8－2－14 所示，并将前景色设置为白色。

将工具面板切换到路径面板中，单击 按钮，此时在画布中，就会沿着刚才绘制的路径填充一条白色的直线，将辅助线拖动回去，得到图 8－2－15 所示效果。

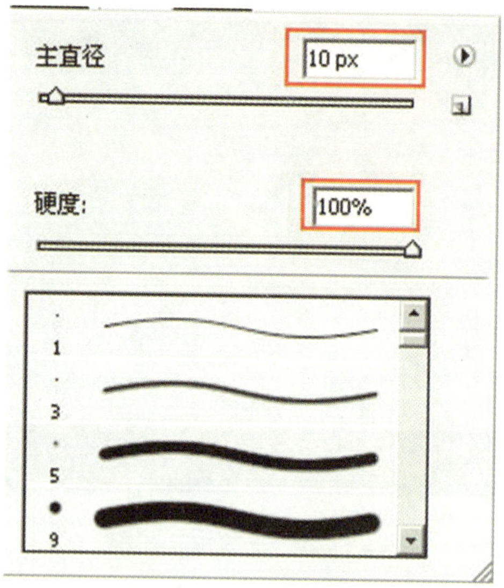

图 8－2－14　设置画笔参数

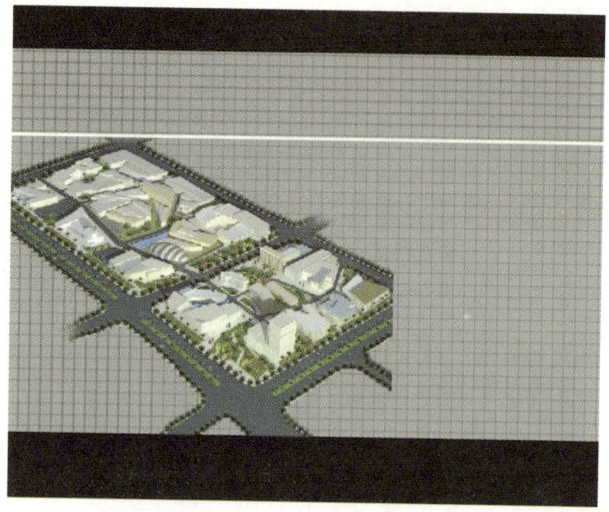

图 8－2－15　添加白色直线

注意：绘制这样的分割线，方法不唯一，可以根据自己的情况进行操作。制作它的目的是为了在上面的区域中将这张图的相关制作过程表现出来。

8.2.2.4　加入辅助图

在分割线上方加入图片。首先将现有的素材进行简单的处理，在 CAD 中，将平面图纸打开，后利用抓屏快捷键将整张图纸拷贝下来；执行“新建”命令，直接按 Ctrl + V 键粘贴到画布之中；再选择裁切工具将需要保留的图纸裁切下来，得到图 8－2－16 效果。

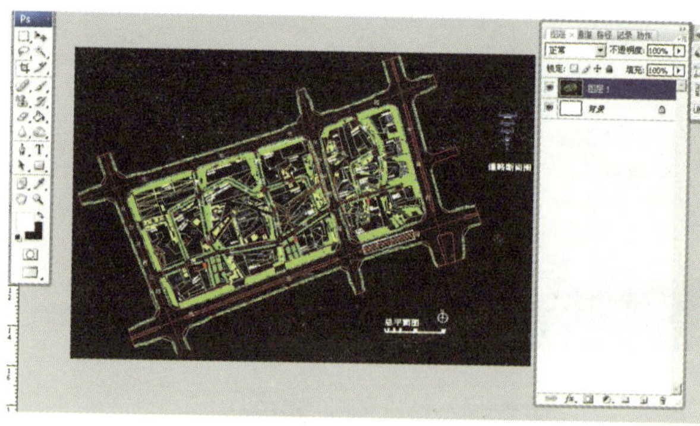

图 8－2－16　处理平面图纸

将保留下来的图纸拖拽至当前画布中，如图 8－2－17 所示。

按 Ctrl + T 键进行缩小，并将其放置在合适的位置。利用同样的拖拽方法，将其他图片也放到画布中来，效果如图 8－2－18 所示。

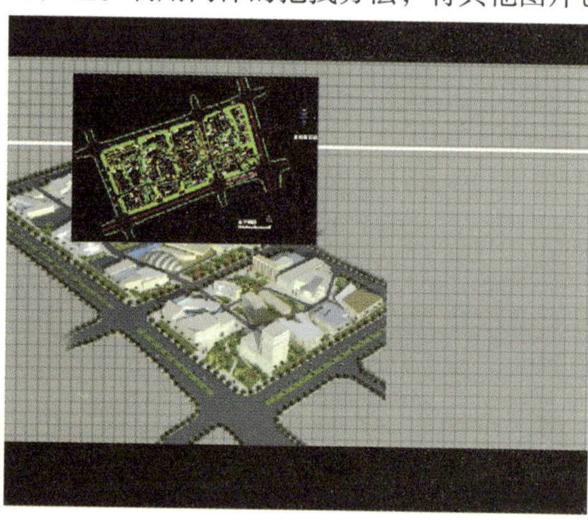

图 8－2－17　拖入平面图纸

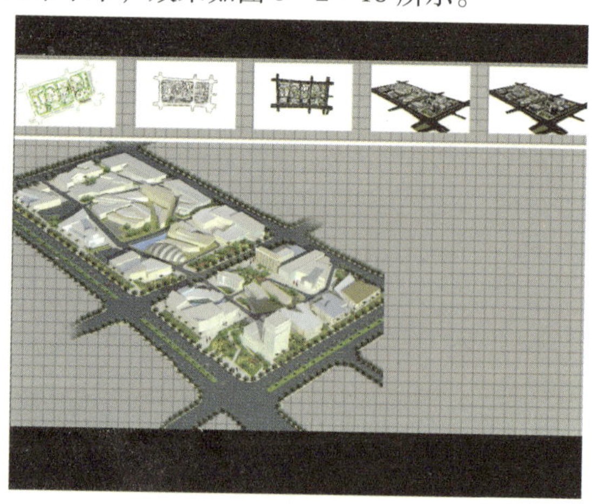

图 8－2－18　拖入其他图片

8.2.2.5　调整辅助图

选择椭圆选取框工具，在第一幅照片上面绘制选区，并执行 5 个像素的羽化，然后执行“选择/反选”命令，将选区取反，执行“删除”命令，得到如图 8－2－19 所示效果。

利用同样的方法将剩余的图片进行删除处理，得到如图 8－2－20 所示效果。

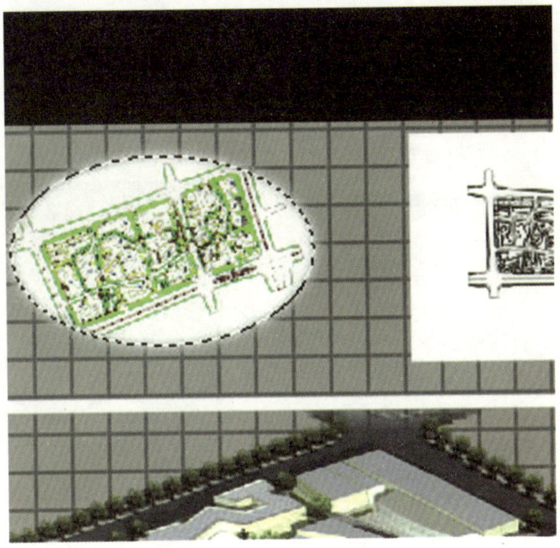

图 8－2－19　辅助图细节调整

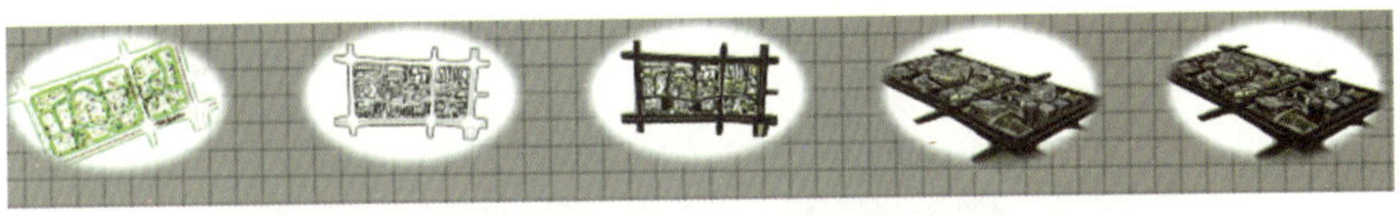

图 8－2－20　处理其余辅助图

注意：由于刚才在使用图片时，是拖拽进来，所以每拖拽一次都会生成一个新的图层，故对图片编辑完毕后，可以合并图层。

双击辅助图层缩略图，调出图层样式面板，参数设置如图 8－2－21 所示。调整后如图 8－2－22 所示。

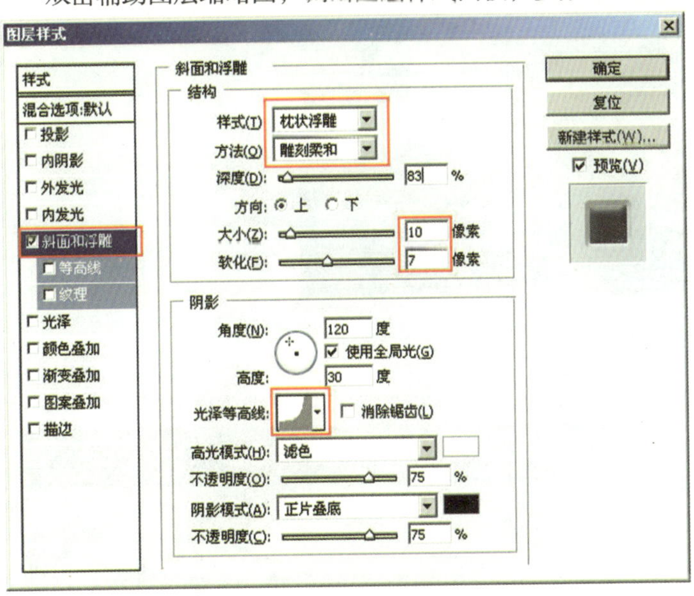

图 8－2－21　参数设置

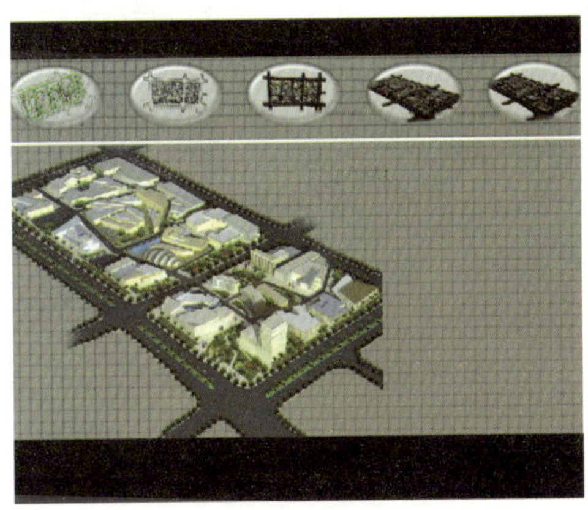

图 8－2－22　调整图层样式后效果

为了更加体现出其制作的流程，还可以制作一个指示方向的标志，这里采用任意的一张手指的图片，利用钢笔制作选区，执行去色后拖入到画布中来，执行复制后，得到的效果如图 8－2－23 所示。

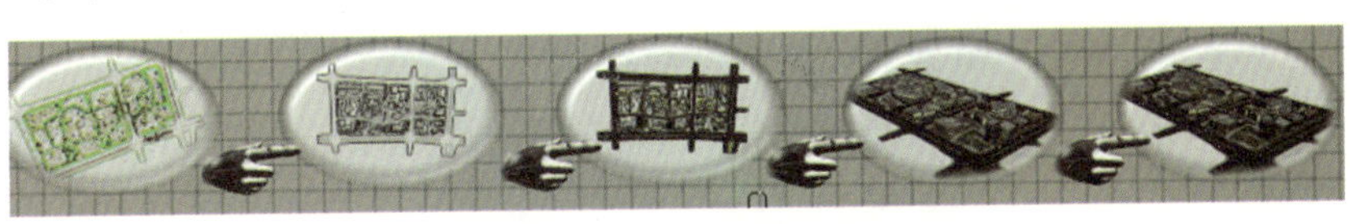

图 8－2－23　指示标志效果

为图 8－2－23 五张辅助图做文字注解，效果如图 8－2－24 所示。

8.2.2.6　添加重要功能区图片

版面右侧的区域是几个重要功能区的放大图片，起到对鸟瞰图的注释说明的作用。

利用上面制作横向水平分割线的方法制作竖向的分割线，效果如图 8－2－25 所示。

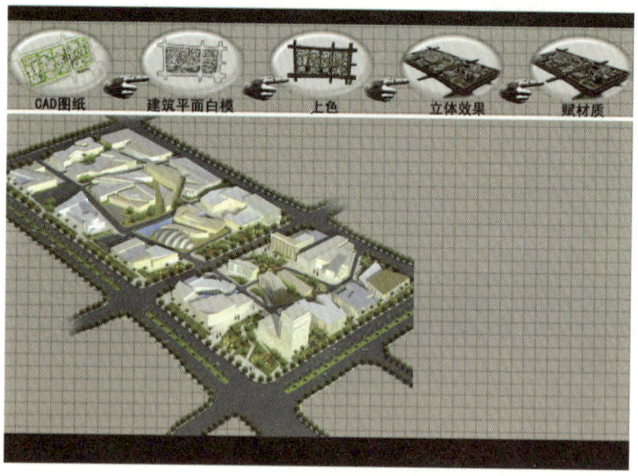

图 8－2－24　文字注解

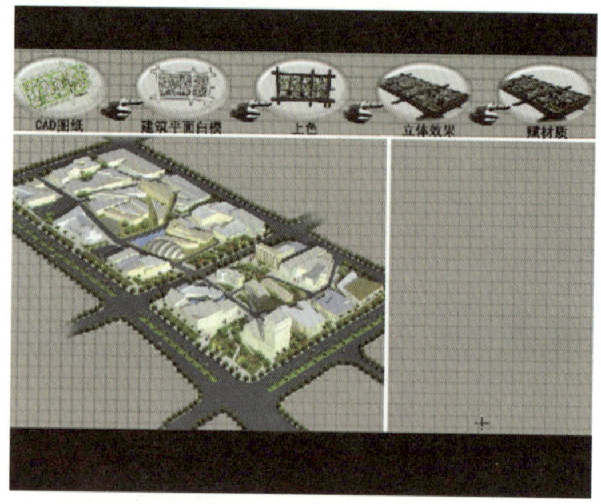

图 8－2－25　竖向装饰分割线

将事先准备好的图片继续拖拽至画布中，得到如图 8－2－26 所示效果。

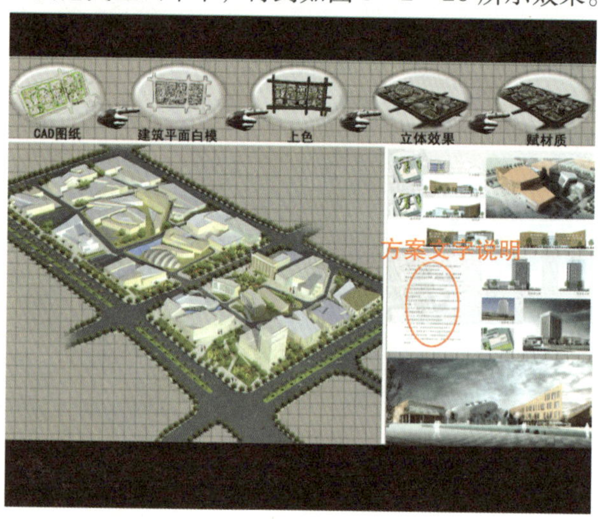

图 8－2－26　拖入重要功能区图片

注意：每一个图片最好都附上其所在的相关区域，这样可以让人们清楚知道这是什么位置。

8.2.2.7　为版面添加文字

首先为其添加主标题。选择文本工具，字体选择“黑体”、“倾斜”，单击画布，直接输入相关文字信息，如图 8－2－27 所示。

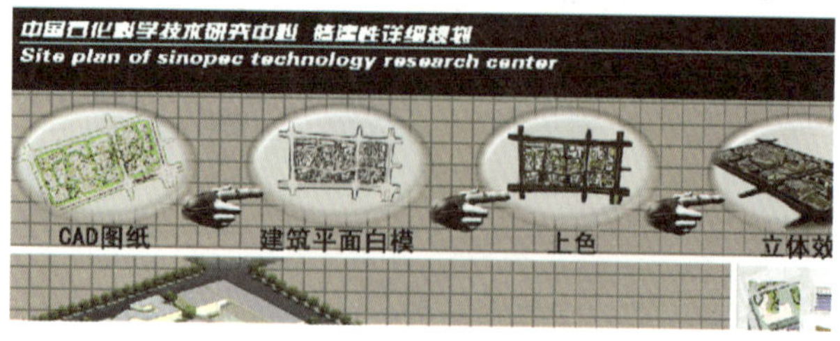

图 8－2－27　添加主标题

注意：(1) 可以根据情况为文字设置英文翻译以及相关的装饰，由于操作有一定随意性，方法不再赘述。

(2) 版面下方的黑色区域仍可以根据设计的需要进行文字输入，或者按照之前的操作，继续加入图片。

8.2.2.8　收尾工作

选择鸟瞰图所在的图层，双击层缩略图，在弹出的图层样式中进行参数设置，如图 8－2－28 所示。所出效果如图 8－2－29 所示。

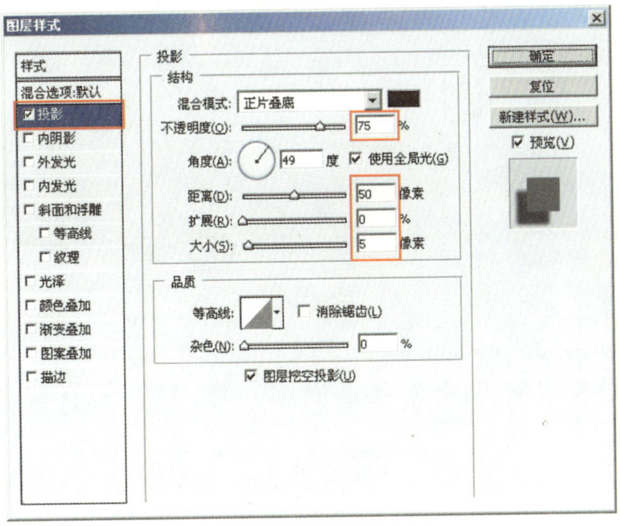

图 8－2－28　参数设置

图 8－2－29　调整主体图后效果

新建照片滤镜调整层，设置如图 8－2－30 所示参数。效果如图 8－2－31 所示。

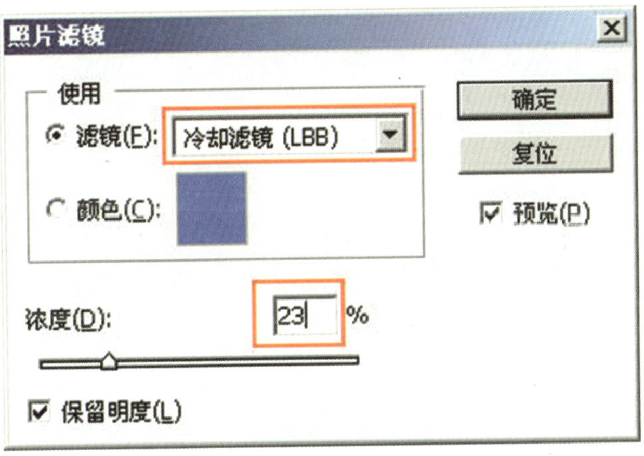

图 8－2－30　设置照片滤镜参数

图 8－2－31　使用照片滤镜后效果

为鸟瞰图添加淡淡的云彩效果，最终效果如图 8－2－32 所示。

图 8－2－32　最终效果

图 片 致 谢

在本书的编写过程中，一些图片和素材取自网站的免费资料，在此一一列出并表示衷心感谢！

如有图片使用问题请与作者联系。

第 1 章：整图素材源自 www. 52photoshop. com；

第 4 章：室内效果图中所用灯具及植物源自 www. 52photoshop. com；

卧室后期效果处理所使用的原图片（图 4 – 3 – 1）源自百度图片库，其他素材源自 www. 52photoshop. com；

大堂的后期处理所使用的原图片（图 4 – 4 – 3）源自天天论坛（www. e_365day. cn），人物及植物素材源自 www. verycd. com；

第 5 章：室外日景图的后期处理图片（图 5 – 1 – 22）源自 www. verycd. com；

夜景图（图 5 – 2 – 20）的制作素材源自 www. verycd. com；手绘效果图所使用的原图片（图 5 – 3 – 1）素材源自 www. xiuhone. com；

雨景效果图所使用的原图（图 5 – 3 – 16）源自龙族联盟论坛（www. chinadfoce. com）；

非主流色调及光线调整所使用的原图（图 5 – 3 – 30）源自 www. xiuhome. com；

第 7 章：园林景观效果图（图 7 – 1 – 6）所用素材源自 www. verycd. com；

第 8 章：原图片素材源自 www. verycd. com。